IDENTIFICATION AND SNAKEBITE PREVENTION OF TERRESTRIAL
VENOMOUS SNAKES IN GUANGDONG

广东陆生毒蛇
识别与防范

张　亮　胡慧建　李爱英　刘曦庆　主编

南方传媒　广东科技出版社
全国优秀出版社
· 广 州 ·

图书在版编目（CIP）数据

广东陆生毒蛇识别与防范 / 张亮等主编. —广州：广东科技出版社，2022.7（2024.7重印）
ISBN 978-7-5359-7893-6

Ⅰ. ①广… Ⅱ. ①张… Ⅲ. ①蛇—识别②蛇咬伤—防治 Ⅳ. ①Q959.6②R646

中国版本图书馆CIP数据核字（2022）第110595号

广东陆生毒蛇识别与防范
Guangdong Lusheng Dushe Shibie yu Fangfan

出 版 人：严奉强
责任编辑：区燕宜　谢绮彤
封面设计：柳国雄
责任校对：曾乐慧　李云柯
责任印制：彭海波
出版发行：广东科技出版社
　　　　　（广州市环市东路水荫路11号　邮政编码：510075）
销售热线：020-37607413
https://www.gdstp.com.cn
E-mail：gdkjbw@nfcb.com.cn
经　　销：广东新华发行集团股份有限公司
印　　刷：广州市彩源印刷有限公司
　　　　　（广州市黄埔区百合三路8号　邮政编码：510700）
规　　格：889 mm×1 194 mm　1/32　印张4　字数80千
版　　次：2022年7月第1版
　　　　　2024年7月第4次印刷
定　　价：59.90元

如发现因印装质量问题影响阅读，请与广东科技出版社印制室联系调换
（电话：020-37607272）。

《广东陆生毒蛇识别与防范》
编委会

主编单位：广东省林业局

编写单位：广东省科学院动物研究所

　　　　　广东省林业调查规划院

　　　　　广东省野生动物监测救护中心

　　　　　广东省动物学会

主　　编：张　亮　胡慧建　李爱英　刘曦庆

副 主 编：丁　利　吴铙彤　邓诗泉　钟健荣

编　　委：（按姓氏音序排列）

　　　　　蔡汉章　岑　鹏　陈海亮　陈皓天　陈锦红
　　　　　陈莲好　陈伟平　陈远忠　邓冬旺　樊　晶
　　　　　胡喻华　黄源欣　李俊杰　梁惠玲　梁晓东
　　　　　林寿明　刘彩红　刘凯昌　刘锡辉　刘　旭
　　　　　马延军　孟翔舒　欧萍萍　潘虎君　史静耸
　　　　　唐　勇　王　姣　徐锦前　颜旭妍　羊世俊
　　　　　张飞珊　张国洪　张乐勤　郑洁玮　钟海智
　　　　　钟小山　邹洁建

（柳国雄 摄）

序
PREFACE

全球蛇类约有4 000种，广泛分布于除南极、北极以外的世界各地。热带和亚热带蛇的种类较多，温带次之，寒带极少。2021年9月出版的《中国蛇类图鉴》记录了中国分布的蛇类297种，目前尚有数个新种正在研究中，中国蛇类物种数预计会超过300种。广东省位于中国南部，是中国蛇类种类和毒蛇种类较多的省份之一，陆生蛇类目前记录有95种，其中毒蛇28种。

近些年来，我国生物多样性研究和保护工作蓬勃发展。2021年10月联合国《生物多样性公约》缔约方大会第十五次会议（COP15）第一阶段会议在云南省昆明市召开，彰显了我国在生物多样性研究和保护领域取得的积极进展。这得益于我国众多生物多样性研究者和自然爱好者的辛勤付出。

本书编者都是长期从事生物多样性研究和保护的专家、学者和自然爱好者。特别是第一主编张亮先生，自幼喜爱蛇类，野外考察和蛇类识别能力极强，自2010年进入广东省科学院动物研究所从事两栖爬行动物学研究以来，发现蛇类新物种5种和蛇类新记录11个，完美实现了从蛇类爱好者到学者和科普工作者的转型。诸位作者通力合作，将多年积累的生物学基础资料、精美图片和蛇伤防治经验汇集成《广东陆生毒蛇识别与防范》一书。本书详细介绍了广东省每一种陆生毒蛇的形态、生态特征和蛇伤防治知识，兼具科学性和科普性。本书的特色之处是比较了形态上相似的无毒蛇与毒蛇之间的细微形态差异，帮助读者识别它们，具有科学参考价值。书中还介绍了蛇类出没原因和攻击方式、蛇伤防范和救治知识、综合防范方法等。别具特色的是，附录中列出了"广东省蛇伤科医院目录"，包含电话号码和地址，方便伤者得到及时救治。

"一朝被蛇咬，十年怕井绳"形容被毒蛇咬伤后身体上的极大痛苦及在心理上造成的长期记忆。本书的出版将有利于降低蛇伤风险，保障人民健康。在本书即将付梓之际，欣然作序，特此祝贺！

安徽师范大学教授
2022年6月10日

前
FOREWORD
言

　　广东省地形北高南低，地貌类型复杂多样，山地、丘陵等交错展布。南岭山脉、云开山脉、莲花山脉构成其地形主体构架。珠江水系是岭南地区的主要水系，众多的支流构成密集水网。华南地区具有热带、亚热带海洋性季风气候特点，大部分地区属亚热带季风性湿润气候。自然植被由南岭山脉的常绿阔叶林逐步过渡到热带季雨林，这种自然条件与地理特点为蛇类的栖息生存提供了良好的环境。广东省蛇类物种较为丰富，有记录的陆生蛇类95种，隶属14科43属，其中毒蛇28种。

　　近年来，得益于生态环境的有效保护和恢复，无论是自然环境，还是人居环境，包括城市、农田，蛇类出没的情况都在增加。人们与蛇相遇并受到蛇伤害的事件也在增加，其中存在毒蛇伤人的风险。为此，科学地识别毒蛇并有效地采取防范措施显得非常重要，这意味着可能挽救更多人的生命。虽然毒蛇对人身安全来说具有潜在威胁，但是我们要清楚认识到蛇类在保持生态平衡方面起了很大的作用，我们应该放下偏见，以科学的眼光看待蛇

1

类，保护蛇类。

在此，本书科普性地介绍了广东省28种陆生毒蛇的识别特征、防范方法和蛇伤救治等相关知识，在"广东陆生毒蛇种类介绍"章节中，以图标展示了蛇的生活习性，Ⓞ指繁殖方式为卵生，Ⓥ指繁殖方式为产子，①指主要活动月份为1月，以此类推，❀指主要活动时间为昼，☾指主要活动时间为夜，⚡指攻击性指数，旨在提高群众安全意识的同时达到妥善处置毒蛇扰民事件和维护人与自然和谐发展的双赢局面。由于毒蛇的排毒量受毒蛇自身状态、天气、人为因素影响，不同体质人群对蛇毒的临床表现各有差异，被毒蛇咬伤应及时就医，"蛇伤防范与救治指南"章节内容仅供参考。本书不仅适用于野生动物保护管理人员、救援人员和相关的安全处置人员，也适合自然爱好者、旅游爱好者和大中小学生阅读参考。

对于书中蛇类的繁殖方式，编者有以下见解，真正的胎生仅限于哺乳动物，由于它们的生殖系统结构、胚胎的营养和气体交换途径等都不同于爬行动物，胎生一词不适合不加区别地共同使用在哺乳动物和爬行动物的繁殖方式上。建议将爬行动物"直接生产幼体"的繁殖方式表述为"产子繁殖"方式，以区别于爬行动物的"卵生繁殖"方式和哺乳动物真正的"胎生繁殖"方式。"产子繁殖"一词已经使用在《国家重点保护水生野生动物》一书中，以及《滇南竹叶青蛇繁殖报道》一文中（本书编著团队参与撰写）。

本书在编写过程中，得到以下专家和同行提供的图片、资料和修改意见：黄松、彭丽芳、徐宇浩、朱滨清、李巍、邓俊东、郭鹏、谢伟亮、莫嘉琪、刘彦鸣、李成、张新旺、于勇、侯勉、孔振鸿、Andreas Gumprecht、Kevin Messenger等，书中视频由广州自然视觉影像技术有限公司拍摄及抖音《探粤自然》栏目提供，谨向他们表示诚挚的感谢！

由于作者水平有限，书中不足之处在所难免，敬请读者和同行批评指正，在此深表感谢！

编　者

2023年2月

CONTENTS

目录

一、古代对毒蛇的认识

自人类有文字记载开始，便有了关于蛇类的描述。蛇类属于变温动物，喜暖畏寒。岭南地处热带、亚热带地区，冬暖夏长，气温高，温润多雨，利于蛇虫类生长。淮南王刘安谏阻汉武帝远征南越时就说："南方暑湿，近夏瘅热，暴露水居，蝮蛇蠚生……"唐代李德裕在《谪岭南道中作》中写道："愁冲毒雾逢蛇草，畏落沙虫避燕泥。"《广东新语》也提到岭南"蛇之类甚众……蛇种类绝多……予不欲言，宁言猛虎，不欲言毒蛇也"。由此可见，古人千百年来对蛇类敬而远之。《说文解字》中写道："上古草居患它，故相问无它乎。"它就是蛇，上古人类草居露宿，无房屋居住，苦于蛇伤为患，故相互问：无蛇吗？说的就是人们防御蛇患之事。写成于战国时期的《山海经》，在《南山经》中多次提到蝮虫，应该是指尖吻蝮，如"又东四百里，至于非山之首，其上多金玉，无水，其下多蝮虫""又东三百八十里，曰猿翼之山，其中多怪兽，水多怪鱼，多白玉，多蝮虫，多怪蛇，多怪木，不可以上"。西汉时桓宽的《盐铁论·险固》有"龟狙有介，狐貉不能禽；蝮蛇有螫，人忌而不轻"，反映当时已经知道蛇是有毒牙的动物。西汉刘安主撰的《淮南子·说林训》中有"蝮蛇螫人，傅以和堇则愈"，大概是我国关于蛇伤治疗的最早记载。与此同时或稍后的《楚辞》中也提到尖吻蝮是一种可怕的毒蛇，"魂兮归来，南方不可以止些……蝮蛇蓁蓁……"（《楚辞·招魂》）、"魂乎无南，南有炎火千里，蝮蛇蜒只……王虺骞只……"（《楚辞·大招》）。

柳宗元的《捕蛇者说》记录过尖吻蝮，在宋代李昉的《太平广记》中对尖吻蝮的描写更是栩栩如生，"山南五溪黔中，皆有毒蛇，乌而反鼻，蟠于草中。其牙倒勾，去人数步，直来，疾如激箭。螫人立死，中手即断手，中足即断足，不然则全身肿烂，百无一活，谓蝮蛇也"。明代李时珍《本草纲目》"白花蛇"项下关于尖吻蝮的形态叙述更接近现代对动物特征的科学记载，而且抓住了关键，简洁扼要，"其蛇龙头虎口，黑质白花，胁有二十四个方胜文，腹有念珠斑，口有四长牙，尾上有一佛指甲，长一二分"。

除蝮蛇外，南方的竹叶青蛇也是对人伤害较大的毒蛇，现在仍是长江以南造成蛇伤的主要毒蛇之一。晚年在广东省罗浮山隐居炼丹的东晋人葛洪在所著的《肘后备急方》中记载颇详，"虵（蛇的异体字），绿色，喜绿树及竹上，大者不过四五尺，皆呼为青条蛇人中，立死"，可见他对竹叶青蛇的形态、生态是很熟悉的。葛洪对蛇伤治疗也有丰富的实践经验，他在书中所写蛇伤治疗的方法，约可概括为三类：一为高温破坏蛇毒，如"切叶刀烧赤烙之"；二为灸法，基本上也是应用高温，但加有药物的作用，如"一切蛇毒，急灸疮三五壮，则众毒不能行"；三为中草药治疗，如"捣薤傅之""烧蜈蚣末以傅疮上""捣鬼针草傅上即定"等。南朝陶弘景所著《名医别录》也有关于毒蛇及其咬伤的记载，特别是他对蝮与虺的区别写得很清楚，为我们考证此两种蛇提供了可靠的依据，"蝮蛇，黄黑色如土，白斑，黄颔尖口，毒最烈。虺，形短而扁，毒与同。蛇类甚众，惟此二种及青蝰（竹叶青蛇）为猛。不即疗，多死"。这就从形态与毒性两方面将蝮与虺区分清楚，蝮显然是指现今的尖吻蝮（*Deinagkistrodon acutus*）；虺则是现在所称的短尾蝮（*Gloydius brevicaudus*）。唐宋以后，无论雅学或本草学的一些著作，常将蝮与虺混淆不清，有以为二者就是同一种蛇的，这多半出于仅从书本上考证字义、缺少实践知识之故。

古代百越地区有崇蛇习俗，最早出现于新石器时代的陶器装饰、青铜纹样与雕塑、岩画艺术中的蛇形图像，从湖南、福建、广东、广西到台湾，以及中南半岛都有发现，大致分布于汉文史籍所记载的"南蛮""百越"地带，反映了远古时代"南蛮"的蛇文化起源。此外，蛇伤是严重危害劳动人民身体健康的疾患之一，千百年来，我们的祖先在自然界中生活、生产劳动，都在一定程度上受到毒蛇等的威胁，经过反复实践，不断摸索，日益积累了与蛇伤等疾病做斗争的经验。

（岑鹏 摄）

二、如何分辨无毒蛇与毒蛇

毒蛇的定义：具有毒器（毒腺、导管、毒牙）的蛇类。

（莫嘉琪 绘图）

牙鞘

导管

毒液

毒牙

导管

毒腺

压缩肌

1. 传统分辨方法

传统的分辨中，往往会依靠蛇是否是三角头、身体颜色是否鲜艳等来判断是无毒蛇还是毒蛇，这导致了很多无毒蛇被认为是毒蛇而死在人类的棍棒之下，也会有人被毒蛇咬伤后因判断失误而耽搁了治疗。

（1）三角形头部的毒蛇与无毒蛇对比

福建竹叶青蛇（剧毒）（岑鹏 摄）

尖吻蝮（剧毒）（朱滨清 摄）

颈棱蛇（无毒）

颈棱蛇（无毒）（朱滨清 摄）

（2）椭圆形头部的毒蛇与无毒蛇对比

银环蛇（剧毒）（岑鹏 摄）

黑背白环蛇（无毒）（岑鹏 摄）

（3）颜色鲜艳被误以为是毒蛇的无毒蛇

玉斑锦蛇（张亮 摄）

紫灰锦蛇（张亮 摄）

百花锦蛇（张亮 摄）

方花蛇（邓俊东 摄）

2. 科学分辨方法

通过蛇类头部的形状与身体的颜色是无法精准区分毒蛇与无毒蛇的，正确的辨别方式有以下2种：

（1）行为

无毒蛇：遇见人类的时候，会比较害怕，并会迅速逃跑，通常会在人类发现它们之前逃跑。

无毒蛇与人相遇通常迅速逃跑（张亮 摄）

毒蛇：遇见人类并不会害怕地跑掉，而会表现得非常淡定，如它感觉到人类威胁到它，会做出警告行为，把脖子缩成"S"形或竖起脖子，发出喷气声，或者摇动尾巴发出警告。

眼镜王蛇竖起脖子警告来犯的天敌（张亮 摄）

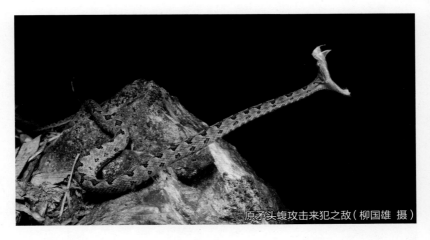

原矛头蝮攻击来犯之敌（柳国雄 摄）

（2）牙齿

通过观察，我们可以知道，毒蛇具有一对毒牙，而无毒蛇则具有一排细小的牙齿。毒蛇的毒牙分为3种类型：管牙、前沟牙、后沟牙。

1）管牙

生长于毒蛇口腔前端两侧能竖立在上颌骨上的毒牙，呈长管状且可以向内弯曲，在牙齿内有一根与毒腺相连的导管，当毒蛇咬住猎物时，毒液就可以顺着导管经过管牙进入猎物体内。值得一提的是，管牙类毒蛇除了左右各具一个大的毒牙外，后方还有许多小的毒牙，称之为"副毒牙"。蝰科蛇类多为剧毒蛇，毒牙均为管牙，这种粗长的毒牙一旦咬住猎物，往往就会注射单次分泌最大值的毒液。蝰科毒蛇毒腺较大，颊部就形成了两个突起，这让它们的头部看起来是三角形的，这个特征非常明显，分辨大多数的毒蛇都可以用这种方法。

2）前沟牙

眼镜蛇科蛇类均为剧毒蛇，毒牙均为前沟牙。前沟牙位于上口齿的前端，与管牙最大的区别就是管牙的齿冠是全封闭的，而前沟牙的齿冠表面有一条未封闭的沟槽。

3）后沟牙

后沟牙毒蛇多为微毒蛇。后沟牙和前沟牙结构相似，后沟牙毒蛇在毒牙侧面也有一条沟槽，区别在于毒牙的位置，后沟牙位于上口齿的后端，而前沟牙位于前端。

无毒蛇牙齿（史静耸 摄）

管牙（史静耸 摄）

前沟牙（史静耸 摄）

后沟牙（史静耸 摄）

尖吻蝮的管牙（彭丽芳 摄）　　　　　尖吻蝮的管牙（彭丽芳 摄）

舟山眼镜蛇前沟牙外露（朱滨清 摄）

3. 常见拟态——容易与毒蛇混淆的无（微）毒蛇

（1）银环蛇、细白环蛇、福清白环蛇、黑背白环蛇的对比

银环蛇（剧毒）背有黑白相间环纹整齐排列，白环较窄，具（25～50）+（7～18）个；脊鳞六边形。

细白环蛇（无毒）前半身具6～8个白环，白环间距较宽，后半身灰黑色。

福清白环蛇（无毒）体背黑色，具19～33个浅色环纹，环纹侧面呈三角形，颜色呈灰白色，略带粉色。

黑背白环蛇（无毒）体背黑色，头背褐色；自颈后至尾有许多边缘呈波浪状的白色横斑，在尾部则成为完整环斑；横斑数为（20～54）+（11～22）个，前部横斑窄，间隔宽，向后横斑宽。

银环蛇成体（张亮 摄）

银环蛇幼体（张亮 摄）

细白环蛇成体（张亮 摄）

细白环蛇幼体（谢伟亮 摄）

福清白环蛇成体（张亮 摄）

福清白环蛇幼体（于勇 摄）

黑背白环蛇成体（张亮 摄）

黑背白环蛇幼体（于勇 摄）

（2）金环蛇、黄链蛇的对比

金环蛇（剧毒）黑黄相间，环纹几乎同等宽度；尾巴钝而短；身体横切面三角形；脊鳞六边形。

黄链蛇（无毒）有（50～96）+（13～28）个黄色窄横斑，枕部具一倒"V"形黄斑；尾巴细长。

金环蛇（张亮 摄）

金环蛇（岑鹏 摄）

黄链蛇（张亮 摄）

黄链蛇（张亮 摄）

（3）翠青蛇、白唇竹叶青蛇的对比

翠青蛇（无毒）背部绿色，腹部过渡为黄绿色；头部椭圆形，覆盖光滑的大鳞片，瞳孔圆形；尾巴亦是绿色。

白唇竹叶青蛇（剧毒）雌性腹部为黄色，雄性体侧有白色纵纹；头部三角形，覆盖粗糙的小鳞片，瞳孔直立；尾巴背部呈橙红色。

翠青蛇（张亮 摄）

翠青蛇头部（张亮 摄）

翠青蛇（张亮 摄）

白唇竹叶青蛇（张亮 摄）

白唇竹叶青蛇头部三角形（岑鹏 摄）

白唇竹叶青蛇鼻子和眼睛之间有颊窝
（张亮 摄）

白唇竹叶青蛇尾部呈明显橙红色（岑鹏 摄）

白唇竹叶青蛇雌性（张亮 摄）

（4）颈棱蛇、泰国圆斑蝰、尖吻蝮、繁花林蛇的对比

颈棱蛇别名伪蝮蛇（无毒），外观非常类似蝰蛇或蝮蛇，头部呈三角形；体短粗；橘红色底色具黑色圆斑。

泰国圆斑蝰（剧毒）头呈三角形；体粗尾短；体背有3纵行大圆斑，背脊1行圆斑与两侧交错排列，圆斑中央紫褐色，四周黑色，镶以黄白色边。

尖吻蝮（剧毒）身体粗壮，尾部较短；头呈三角形，吻尖上翘突起；背部有明显褐色菱形花纹。

繁花林蛇（微毒）颈部较细，头部宽大且略呈三角形，眼突出且瞳孔直立；体背褐色或浅褐色，上面有许多深棕色的不规则横斑，有些斑块会相接合成波浪状或锯齿状花纹。

颈棱蛇（张亮 摄）

泰国圆斑蝰（张亮 摄）

尖吻蝮（朱滨清 摄）

繁花林蛇（蔡汉章 摄）

（5）绞花林蛇、原矛头蝮的对比

绞花林蛇（微毒）头部大而宽短，呈三角形，头背具倒"V"形斑纹，眼睛大，瞳孔直立如猫眼；体形细长，善于攀爬；体背灰色或棕褐色，背脊中央有1行镶黄边的深棕色或红褐色斑与身体两侧各1行较小的深棕色或红褐色点斑交错排列。

原矛头蝮（剧毒）头部大，呈三角形，具有颊窝，头背遍布细小鳞片，呈棕褐色且无花纹，眼后有1道褐色细眉纹；身体为棕褐色或者红褐色，背脊中央有1行镶浅黄色边的暗紫色菱形斑与身体两侧各1行较小的色斑对齐排列。

绞花林蛇（张亮 摄）

绞花林蛇头部（王聿凡 摄）

原矛头蝮（张亮 摄）

原矛头蝮头部（王聿凡 摄）

（6）**尖吻蝮、环纹华游蛇的对比**

尖吻蝮（剧毒）身体粗壮，尾部较短；头呈三角形，吻尖上翘突起；背部有明显褐色菱形花纹，亦称为方胜纹。

环纹华游蛇（无毒）体形较粗壮，头背灰褐色或棕色，体、尾背面棕褐色，体背具粗大环纹，每组粗环纹在体侧相交，从体侧看，每条环纹形成1个"X"形斑。随年龄渐大，环纹颜色逐渐变淡。

尖吻蝮（张亮 摄）

环纹华游蛇（张亮 摄）

三、广东陆生毒蛇种类介绍

　　广东有记录的陆生蛇类95种，隶属14科43属，其中毒蛇28种，隶属5科16属（广东分布区域见附录1），具体介绍如下：

1. 白头蝰 *Azemiops kharini*

蝰科 Viperidae　　1 2 **3 4 5** 6 7 8 9 **10 11 12**

白头蝰

　　广东省重点保护陆生野生动物。中小型管牙类毒蛇。平均体长40～50厘米。头略扁，呈三角形。头背白色或浅橘黄色，具左右略对称的2条不规则褐色纵纹，从前额鳞处至颈部。头侧橘黄色或白色，眼后具褐色眉纹，眼下上

（张亮 摄）

（张亮 摄）

（柳国雄 摄）

（柳国雄 摄）

（张亮 摄）

唇鳞亦具褐色斑纹（或不明显）。体、尾背面黑色或紫黑色，略具金属光泽，具10余条橘黄色或橘红色窄横纹，彼此交错排列，部分在背中央处相接。腹面灰白色。幼年和中等体形的个体，头背具明亮的白色，随着年龄的增长，会变成橘黄色，年龄越大，橘黄色越明显。

　　生活于中低海拔、植被茂密的山区，常出没于路旁、沟谷、落叶堆，有时也会出现在居民区附近。夜行性。混合毒素。捕食小型啮齿类动物和鼩鼱。

　　国内分布于西藏、云南、贵州、重庆、四川、甘肃、陕西、湖北、湖南、安徽、浙江、江西、福建、广东、广西。国外分布于越南。

2. 泰国圆斑蝰 *Daboia siamensis*

蝰科 Viperidae 　　　　4 5 6 7 8 9 10 11

泰国圆斑蝰

别名：百步蛇、百步金钱豹、泥豹、烂钱枕。

国家二级保护野生动物。中型管牙类毒蛇。平均体长80～130厘米。头较大，略呈三角形，与颈区分明显。头背密布小鳞，具3个深色斑，呈"品"字形排列。背鳞具强棱，通身背面灰褐色、棕褐色。体背具3行深色大圆斑，脊部1行30个左右，较大，与两侧圆斑交错排列。圆斑周缘色黑并镶以黄白色细边。通身腹面灰白色，头腹大多数鳞片后缘处具小黑斑，腹面散布略呈半圆形的灰褐色小斑，有的个体尾腹中央具小黑斑连缀而成的黑纵纹。体粗壮，尾短。

（张亮 摄）

（张亮 摄）

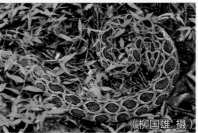

（柳国雄 摄）

（柳国雄 摄）

（张亮 摄）

（张亮 摄）

生活于丘陵、山区的草地、麦田、烂草滩、路边、碎石地、稻田、蔗田，有时也会出现在居民区附近。受到惊扰时会反复收缩膨胀身体，发出"呼——呼——"喷气声音，可持续十多分钟。日行性。剧毒。捕食小型啮齿类动物和鼩鼱。

泰国圆斑蝰毒液以血循毒素为主，含突触前神经毒素，主要为强烈的凝血毒素。中国产泰国圆斑蝰的神经毒素在人类身上的作用不如在小鼠上明显，被咬伤后的临床表现主要为局部疼痛肿胀、溃烂坏死、凝血异常，肾损伤，严重可导致牙龈渗血、呕血、尿血、便血、脏器出血，急性肾衰竭发病率为我国所有蛇类咬伤中最高。其他毒蛇造成肾损伤通常是靠消耗性凝血病导致的，而泰国圆斑蝰咬伤的患者在没有凝血病的前提下也会出现肾损伤，提示其有直接的肾毒性，致死率非常高。

国内分布于云南、广西、广东、福建、台湾。国外分布于泰国、缅甸、柬埔寨、印度尼西亚。

3. 角原矛头蝮 *Protobothrops cornutus*

角原矛头蝮

蝰科 Viperidae

4 5 6 7 8 9 10 11

别名：角烙铁头。

国家二级保护野生动物。头侧具颊窝的中小型管牙类毒蛇。平均体长50～70厘米。头被粒鳞，呈三角形，与颈区分明显。颊窝由3枚大鳞围成，其中1枚为第2上唇鳞。眼上具1对向外斜、被细鳞的角状突起，角状物基部呈三角锥形。鼻鳞到两角基前侧具黑褐色"X"形斑。从角后侧至头后枕部具1对黑褐色"）（"形斑。眼后具上浅下深的2条粗斑纹。通身背面灰色、灰褐色或灰绿色，自颈至尾具

（张亮 摄）

（朱滨清 摄）

（张亮 摄）

（岑鹏 摄）

（岑鹏 摄）

（张亮 摄）

（柳国雄 摄）

左右交错排列的镶黄色边的黑褐色块斑。腹面淡灰褐色，密布深色点斑。

角原矛头蝮毒液以血循毒素为主，被咬伤后的临床表现与原矛头蝮相似。

生活在中低海拔、以石灰岩为主的山区。主要在夜间活动觅食。剧毒。捕食鸟类、鼠类、蜥蜴。

国内分布于广西、广东（韶关、清远）、福建、贵州、浙江。国外分布于越南。

4. 原矛头蝮 *Protobothrops mucrosquamatus* ○○◎卌

原矛头蝮

蝰科 Viperidae ① ② ③ 4 5 6 7 8 9 10 11 ⑫

别名：烙铁头、老鼠蛇、干芋呷。

头侧具颊窝的中型管牙类毒蛇。平均体长100～180厘米。头呈三角形，与颈区分明显。头被小鳞，头背棕褐色，具略呈倒"V"形的暗褐色斑。唇缘色稍浅，自眼后至颈侧具1条暗褐色纵纹。头腹色白。体、尾背面棕褐色或红褐色，正背具1行镶浅黄色边的粗大逗点状暗紫色斑，斑周

（柳国雄 摄）

（岑鹏 摄）

（柳国雄 摄）

管牙(于勇 摄)

(张亮 摄)

(张亮 摄)

　　缘色较深。体侧各具1行暗紫色斑块。腹面浅褐色，前段色浅，后段色较深。每枚腹鳞具深棕色细点组成的斑块若干，整体上交织成深浅错综的网纹。体、尾均较细长。

　　生活于山区和丘陵。傍晚常在山路旁、住宅边活动。剧毒。捕食鼠类、蛇类、蛙类、鼩鼱。

　　原矛头蝮毒液以血循毒素为主，主要为出血和抗凝血毒素，被咬伤后的临床表现通常为伤口疼痛肿胀、瘀血水泡，10%～30%的患者会出现局部坏死，坏死面积通常较小，少数患者会出现消耗性凝血病。

　　国内分布于云南、四川、贵州、重庆、广西、广东、香港、海南、福建、台湾、江西、湖南、安徽、浙江、河南、陕西、甘肃。国外分布于印度、孟加拉国、缅甸、越南。

5. 莽山原矛头蝮 *Protobothrops mangshanensis*

蝰科 Viperidae   ① ② ③ 4 5 6 7 8 9 10 11 12

莽山原矛头蝮

别名：莽山烙铁头蛇、白尾小青龙。

国家一级保护野生动物。头侧具颊窝的中大型管牙类毒蛇。平均体长150～200厘米。头大，呈三角形，与颈区分明显。吻端钝圆。头被小鳞，平滑无棱。眼较小，瞳孔直立椭圆形。头部具不规则的棕褐色斑纹，左右略对称。通身黑褐色，其间杂以黄绿色或铁锈色点，构成细的网纹状斑。体、尾背面具若干约等距排列的棕褐色环斑，大多占2～3枚背鳞宽，边界不规则。环斑常在体侧断开，使得背面呈横斑状，侧面似块斑。背鳞25-25-17行，中段最外行平滑，其余均具棱。腹面棕褐色，密布黄绿色点斑，散布略呈三角形的黄白色斑。尾后半段淡绿色或近白色。

栖息于海拔800～1 100米的山区树林、灌丛下。昼夜均活动。剧毒。捕食小型哺乳类动物、鸟类。

（张亮 摄）

（张亮 摄）

（吴铙彤 摄）

（吴铙彤 摄）

（张亮 摄）

（张亮 摄）

（张亮 摄）

　　莽山原矛头蝮毒液以血循毒素为主，含少量神经毒素。临床数据显示，患者被莽山原矛头蝮咬伤后出现局部疼痛肿胀，3天后肿胀消退，但第5天患者以前的旧伤部位出现异常血肿，检查后发现患者凝血功能异常，血液无法凝固，凝血因子被大量消耗，提示莽山原矛头蝮毒液中含有较强的凝血毒素，可导致消耗性凝血病。

　　中国特有种，分布范围狭窄，仅分布于湖南（莽山）、广东（广东南岭国家级自然保护区）。

6. 尖吻蝮 *Deinagkistrodon acutus*

尖吻蝮

蝰科 Viperidae

别名：五步蛇、白花蛇、百步蛇、七步蛇、蕲蛇、山谷鱼、中华蝮等。

头侧具颊窝的中大型管牙类毒蛇。平均体长100～150厘米。头大，呈三角形，与颈区分明显，吻尖上翘（因此得名）。头背黑褐色，9块大鳞前置，对称排列。体、尾背面灰褐色或棕褐色，身体两侧具纵列黑褐色的三角形大斑，底边与体轴平行，两腰线清晰，中间色浅。三角形顶角常在脊部相接，从正上方俯视，可见浅色区域呈菱形；亦有顶角不相接而交错排列者，则浅色区域不呈菱形。腹侧具一纵列圆形黑斑，位于三角形大斑下方，约等距排列。腹面白色，有交错排列的灰褐色斑。体粗壮，尾短且较细。幼体色浅，且常偏红色。

生活于山区林地。晚上或阴天较活跃。剧毒。捕食鼠类、鸟类、蜥蜴和蛙类等。

（苏以吉 摄）

　　尖吻蝮毒液以血循毒素为主，主要为强烈的抗凝血和抑制血小板聚集的毒素，被咬伤后的临床表现通常为局部疼痛肿胀、出血不止、大范围瘀血水泡、大范围坏死，严重者会出现牙龈渗血、呕血、尿血、便血等全身出血症状，致死率非常高。

　　国内分布于福建、台湾、广东、广西、贵州、重庆、四川、湖南、湖北、江西、安徽、浙江。国外分布于越南。

（张亮 摄）

（朱滨清 摄）

（岑鹏 摄）

保护色酷似落叶（张亮 摄）

（张亮 摄）

（张亮 摄）

越南烙铁头蛇

7. 越南烙铁头蛇 *Ovophis tonkinensis*

蝰科 Viperidae

广东省重点保护陆生野生动物。头侧具颊窝的中小型管牙类毒蛇。平均体长50～70厘米。头呈三角形，与颈区分明显。头被小鳞，呈覆瓦状排列。头背黑褐色。棕黄色斑纹自吻端经眼向后达颈侧。体、尾背面棕黄色，正背具2行略呈方形的深棕色或黑褐色大斑，常左右交错排列，有时左右或前后相连。体侧具若干不规则的深棕色或黑褐色小斑块。尾背中央具1条白色脊线。腹面色浅，近黄白色。腹鳞两侧具不规则的黑褐色斑。体较粗壮，尾短。

生活于山区和丘陵。主要出没于山区道路旁、林地。剧毒。捕食鼠类、鼩鼱。

（张亮 摄）

越南烙铁头蛇毒液以血循毒素为主，含有大量凝血毒素，但其凝血能力并不强，被咬伤后的临床表现主要为局部疼痛肿胀，凝血异常发病率非常低。

国内分布于广西、广东、海南、香港。国外分布于越南、老挝。

（张亮 摄）

（柳国雄 摄）

（柳国雄 摄）

（柳国雄 摄）

8. 台湾烙铁头蛇 *Ovophis makazayazaya* ⓄⒸ⚡

蝰科 Viperidae  3 4 5 6 7 8 9 10 11 12

　　广东省重点保护陆生野生动物。头侧具颊窝的中小型管牙类毒蛇。平均体长50～70厘米。头呈三角形，与颈区分明显。头被小鳞，呈覆瓦状排列。头背橘红色。体、尾背面黑灰杂陈，具20余道橘红色横斑，占2～3枚背鳞宽，有的横斑在脊部错开。腹面污白色，散布深色点斑、块斑。尾背散布若干白色斑点。体较粗短，尾较短。

　　生活于中高海拔山区。主要出没于植被茂密的山路旁、沟谷、石块下。剧毒。捕食鼠类、鼩鼱。

（岑鹏 摄）

（岑鹏 摄）

（朱滨清 摄）

035

（岑鹏 摄）

（岑鹏 摄）

（岑鹏 摄）

（岑鹏 摄）

　　关于台湾烙铁头蛇毒液的研究较少，但对比该种与多个地区烙铁头属毒蛇的毒液组成，发现它们的毒液蛋白非常相似，再加上台湾烙铁头蛇咬伤的临床表现也与越南烙铁头蛇几乎一致，所以推测台湾烙铁头蛇的毒液组成和越南烙铁头蛇十分接近。

　　国内分布于台湾、福建、广东、湖南、湖北、江西、浙江、安徽等地。

白唇竹叶青蛇

9. 白唇竹叶青蛇 *Trimeresurus albolabris*

蝰科 Viperidae

别名：青竹蛇。

头侧具颊窝的中小型管牙类毒蛇。平均体长60～120厘米。头呈三角形，与颈区分明显。头背密布小鳞。与同属其他种类相比，白唇竹叶青蛇头较"厚"，且较"圆润"。整个头部颜色以吻鳞上缘经眼下缘水平延至颞部为界，界限分明：上部绿色，下部黄白色或浅绿色。颔片1对，呈爱心形。眼黄色、棕黄色或棕红色。鼻鳞与第1枚上唇鳞完全愈合或残留部分鳞沟。通身背面以绿色为主，背鳞间皮肤黑灰相间，当背鳞撑开时，隐约可见黑灰相间的横带。部分个体背鳞D1行具1条白色细纵纹（侧线），自颈后延至肛前。体中段背鳞21行，除最外行平滑外，其余均具棱。腹面黄绿色或浅绿色，后段颜色较深。尾具缠绕性，尾背及尾末段橙红色。

（柳国雄 摄）

（柳国雄 摄）

（柳国雄 摄）

（岑鹏 摄）

（柳国雄 摄）

（柳国雄 摄）

栖息在低海拔山地、林缘、灌丛、竹林的水边。常吊挂或攀绕在与其体色相似的低矮树枝或竹枝上，保护色较强，因此不易被发现。夜行性。毒性较强。捕食蛙类、鼠类、蜥蜴、鸟类，偶尔捕食其他小型蛇类。

白唇竹叶青蛇毒液以血循毒素为主，含有凝血毒素，白唇竹叶青蛇的凝血毒素对凝血因子有着较强的消耗能力，因此咬伤通常比福建竹叶青蛇严重，更容易引发消耗性凝血病。

国内分布于香港、澳门、广东、广西、海南、福建、云南、贵州、江西。国外分布于缅甸、泰国、柬埔寨、老挝、越南、马来西亚。

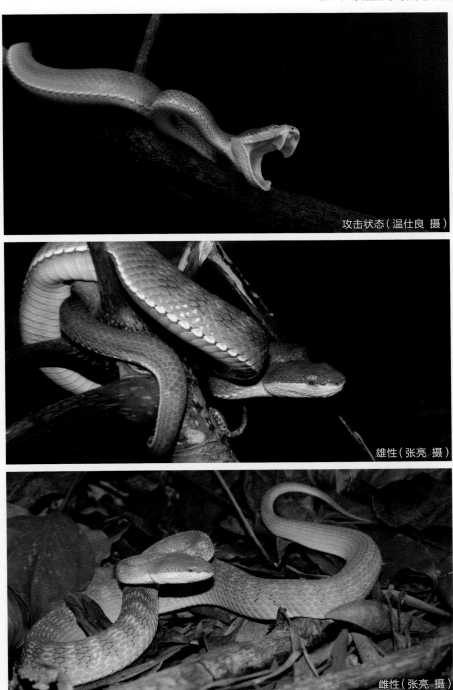

攻击状态（温仕良 摄）

雄性（张亮 摄）

雌性（张亮 摄）

10. 福建竹叶青蛇 *Trimeresurus stejnegeri*

蝰科 Viperidae

别名：青竹蛇、赤尾青竹丝、竹叶青。

头侧具颊窝的中小型管牙类毒蛇。平均体长70～100厘米。头呈三角形，与颈区分明显，头背密布小鳞。头背绿色，上唇稍浅，下唇和头腹浅黄绿色。颌片1对，呈爱心形。眼黄色、橘色或橘红色。背鳞间皮肤黑灰色，有时可见黑灰相间的横带。通身背面以绿色为主，背鳞D1下半红色，D1上半及D2下缘白色，在体侧形成红白各半的侧线（部分个体仅在D1具白色侧线），起自眼部或颈部，延至尾部，断续到尾后1/4左右止。体中段背鳞21行，除最外行平滑外，其余均具棱。体、尾腹面浅黄绿色或浅绿色。尾具缠绕性，尾背及尾末段焦红色。

生活于山区林地和灌丛中。夜行性。剧毒。主要捕食各种蛙类、蜥蜴、鼠类和鸟类。保护色较强，不容易被发现。

（柳国雄 摄）

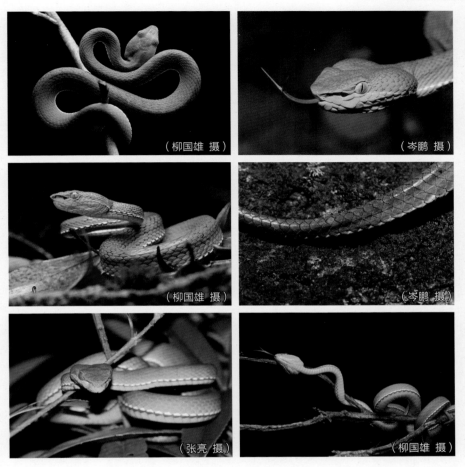

（柳国雄 摄）

（岑鹏 摄）

（柳国雄 摄）

（岑鹏 摄）

（张亮 摄）

（柳国雄 摄）

　　福建竹叶青蛇毒液以血循毒素为主。福建竹叶青蛇咬伤有两种临床表现，一种是以伤口疼痛肿胀为主的局部症状，部分出现坏死，这也是福建竹叶青蛇咬伤最常见的临床表现；另一种是在此基础上出现严重的消耗性凝血病，通常出现这类症状的患者病情都非常严重，足以危及生命，但发病率相对较低。

　　国内分布于福建、台湾、广东、广西、海南、贵州、重庆、四川、湖南、湖北、江西、安徽、浙江、河南、甘肃。国外分布于越南。

11. 中国水蛇 *Myrrophis chinensis*

水蛇科 Homalopsidae ① ② ③ ④ ⑤ ⑥ ⑦ ⑧ ⑨ ⑩ ⑪ ⑫

中国水蛇

别名：金边水蛇、水蛇、泥蛇。

小型淡水栖后沟牙类毒蛇。平均体长50～80厘米。头略大，与颈可区分。鼻孔背位。眼较小。上、下唇鳞白色。通身背面棕褐色，部分背鳞局部或全部黑褐色，构成大小不一、距离不等的3行黑斑。体背最外侧3行背鳞浅橘红色。腹面污白色，腹鳞鳞缘浅黑色，形成横纹。尾下鳞基部或周缘黑褐色，在成对的尾下鳞沟连缀成尾腹正中的1条纵折线纹。体较粗，尾较短。

栖息于稻田、沟渠或池塘等水域。昼夜均活动。微毒。捕食鱼类、蛙类。

国内分布于福建、台湾、广东、香港、澳门、海南、广西、重庆、湖南、湖北、江西、安徽、浙江、江苏。国外分布于越南。

（张亮 摄）

（岑鹏 摄）

（谢辅宇 摄）

（张亮 摄）

（岑鹏 摄）

12. 黑斑水蛇 *Myrrophis bennettii*

别名：红树林水蛇、水蛇。

小型淡水栖后沟牙类毒蛇。平均体长50～60厘米。头略大，与颈可区分。鼻间鳞单枚，左右鼻鳞在鼻间鳞前以尖相接。鼻孔背位。眼较小。上、下唇鳞黄白色。通身背面暗棕色或灰黑色，具20余个略呈圆形或不规则黑斑，最外侧4行背鳞黄白色。体前段背正中具1条黑色细纵纹，无黑斑；腹面具横斑。体后段及尾背正中也具1条黑色细纵纹（部分个体不明显）。体较粗，尾较短。

栖息于沿海咸淡水区域的红树林、沼泽、湿地。昼夜均活动。毒性微弱。主要捕食鱼类。

国内分布于福建、广东、广西、海南、澳门、香港。国外分布于越南。

（张亮 摄）

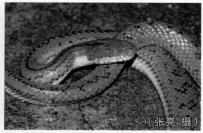

（张亮 摄）

（岑鹏 摄）

13. 墨氏水蛇 *Hypsiscopus murphyi*

水蛇科 Homalopsidae　　　1 2 3 ④ ⑤ ⑥ ⑦ ⑧ ⑨ ⑩ 11 12

别名：水泡蛇、水蛇、铅色水蛇。

小型淡水栖后沟牙类毒蛇。平均体长50～70厘米。头略大，与颈可区分。鼻间鳞单枚且较小，左右鼻鳞在鼻间鳞前相接。鼻孔背位。眼较小。上、下唇鳞乳白色。最外侧2～3行背鳞和外侧腹鳞淡黄色，形成淡黄色纵纹（幼蛇黄色较明显）。通身背面铅灰色，无斑，背鳞鳞缘色深。腹面乳黄色。腹鳞中央具略呈三角形的黑色小斑块，前后连缀形成链纹，左右尾下鳞相接处深色显著，前后串联形成尾腹正中的1条深色折线纹。体较粗，尾较短。

生活于水沟及其附近。夜行性。毒性微弱。捕食鱼类、蛙类等。夜间经常离开水体，上岸捕食蛙类。

国内分布于云南、广东、广西、海南、香港、福建、台湾、江西、浙江、江苏。国外分布于泰国、柬埔寨、越南、老挝、缅甸。

（张亮 摄）

（张亮 摄）

（张亮 摄）

14. 紫沙蛇 *Psammodynastes pulverulentus*

屋蛇科Lamprophiidae 〔1〕〔2〕〔3〕④⑤⑥⑦⑧⑨⑩〔11〕〔12〕

紫沙蛇

别名：茶斑蛇。

小型后沟牙类毒蛇。平均体长30～40厘米。头略呈盾形，吻端尖出，明显超出下颌。头、颈可区分。头背具5条长短不一的深色纵纹，第3条最短，第2、第4条在第3条后部汇合并向后延伸，呈"Y"形。前额鳞和眶上鳞均外突，形成头背侧棱，似"窗楣"。脊部常具稀疏的深浅相伴的碎斑。体色变异较大，通身紫褐色、红褐色、灰色、黄色、灰黑色等。腹面较体背色浅，常具4条细纵纹，两侧细纵纹明显，自颈后至尾尖；中间2条常不明显。

常见于林下落叶层、灌丛、草丛、石堆、农田、溪边、道路旁。昼夜均活动。微毒。捕食蛙类、蜥蜴。

（张亮 摄）

（柳国雄 摄）

（张亮 摄）

（柳国雄 摄）

（柳国雄 摄）

（柳国雄 摄）

　　国内分布于海南、广东、广西、云南、贵州、西藏、香港、福建、台湾、江西、湖南。国外分布于印度尼西亚、马来西亚、泰国、柬埔寨、越南、老挝、缅甸、孟加拉国、印度、尼泊尔、不丹、菲律宾。

15. 福建华珊瑚蛇 *Sinomicrurus kelloggi*

眼镜蛇科 Elapidae

别名：福建丽纹蛇。

中小型前沟牙类毒蛇。平均体长40～50厘米。头较小，与颈区分不明显。头背黑色，具2条黄白色横纹，前条细，后条较粗，呈倒"V"形。背鳞平滑，通身15行。体、尾背面红褐色，具约1枚背鳞宽的镶金边的黑横纹（17～22）+（3～4）条。腹面白色，具长短不等、宽窄不一的黑横斑。体圆柱形，尾短，末端为坚硬的圆锥形尖鳞。

生活于山区林地落叶层中。主要特征是头背眼后有1个黄白色倒"V"形斑。夜行性。神经毒素。主要捕食小型蜥蜴和小型蛇类。

国内分布于福建、广东、广西、湖南、江西、安徽、浙江、云南、贵州、重庆。国外分布于越南、老挝。

（岑鹏 摄）

（岑鹏 摄）

（岑鹏 摄）

（岑鹏 摄）

16. 环纹华珊瑚蛇 *Sinomicrurus annularis* ○◐⚡

别名：中华珊瑚蛇、丽纹蛇、环纹赤蛇。

中小型前沟牙类毒蛇。平均体长40～50厘米。头较小，与颈区分不明显。眼小。头背色黑，具2条黄白色横纹，前条细，后条宽大。背鳞平滑，通身13行。体、尾背面红褐色，镶黄色边的黑横纹（19～39）＋（0～7）条。腹面黄白色，具不甚规则的黑色横斑，常占约2枚腹鳞宽，在身体前段腹面和尾腹，有的横斑很短，呈圆斑形。体细长，尾短，末端为坚硬的圆锥形尖鳞。

（岑鹏 摄）

卷起尾巴迷惑天敌（张亮 摄）

（张亮 摄）

腹部（张亮 摄）

（柳国雄 摄）

栖息于密林、落叶底。主要特征是头后方有一明显的白色宽环带。夜行性。神经毒素。捕食小型蛇类。

环纹华珊瑚蛇毒液主要为神经毒素，缺乏相关的毒液研究。

国内分布于贵州、四川、重庆、广西、广东、海南、香港、福建、浙江、江西、湖南、安徽、江苏、陕西、甘肃。国外分布于越南、老挝。

17. 广西华珊瑚蛇 *Sinomicrurus peinani*

眼镜蛇科 Elapidae

中小型前沟牙类毒蛇。平均体长40～60厘米。头较小，与颈区分不明显。眼小。头背色黑，具1条前端略呈倒"U"形的白色宽横斑。背鳞平滑，通身13行。体、尾背面红褐色，具镶黄边的黑横纹（27～32）+（3～4）条。腹面黄白色，具47+5个黑横斑或方斑。体细长，尾短，末端为坚硬的圆锥形尖鳞。

为2020年发布的蛇类新种，2020年9月15日在广东肇庆首次被发现，为广东省的首次记录。夜行性。神经毒素。

（张亮 摄）

（张亮 摄）　　　　（张亮 摄）

（柳国雄 摄）

（柳国雄 摄）

主要捕食小型蜥蜴和小型蛇类。

国内分布于广西、广东（肇庆、云浮）、云南。国外分布于越南。

种加词"peinani"以梧州市中医医院余培南教授名字命名。被誉为"中国蛇医泰斗"的余培南与蛇打交道、救死扶伤已有50余载，为我国蛇伤治疗做出巨大贡献。

18. 眼镜王蛇 *Ophiophagus hannah*

眼镜王蛇

眼镜蛇科 Elapidae

别名：过山峰、山万蛇、过山风、风蛇。

国家二级保护野生动物。世界上最大的前沟牙类毒蛇。平均体长300～500厘米，最长纪录达600厘米。头背色略浅，顶鳞后具1对较大的枕鳞。脊鳞两侧数行较窄长，斜列。通身背面黑褐色。颈背具倒"V"形黄白色斑，颈以后具几十条镶黑边的白色横纹，约占2枚背鳞宽。头腹乳白色无斑，在颈腹面渐变为黄白色或灰白色，并开始出现灰褐色斑点，斑点在体前段腹面汇聚成几道不甚规则的灰褐色横斑，占2～5枚腹鳞宽，横斑间及其后部的斑点密集，使整个腹面呈现灰褐色。受惊扰时，颈部平扁膨大，前半身常竖立，作攻击姿态。颈背无眼镜状斑纹（相近种舟山眼镜蛇颈背具双片眼镜状斑纹）。幼蛇色斑鲜艳，头背及体、尾背面横纹鲜黄色。

栖息于山区密林中，有时亦上树或在溪流附近活动。日行性。性凶猛，被激怒时身体前1/3竖起，发出"呼——呼——"声。在繁殖季，人类若闯进了它的护卵区域惊动了护卵中的雌蛇，会遭到雌蛇攻击驱赶。剧毒，混合毒素。捕食蛇类、蜥蜴。

眼镜王蛇毒液以突触后神经毒素为主，含血循毒素，被咬伤后的临床表现主要为局部疼痛肿胀、上睑下垂、吞咽困难、全身乏力、呼吸衰竭，部分出现肝肾功能衰竭，少数出现坏死，毒液发作速度极快，为我国致死率最高的毒蛇。

国内分布于西藏、云南、贵州、四川、广西、广东、香港、海南、福建、浙江、江西、湖南。国外分布于东南亚及南亚各国。

（张亮 摄）

（张亮 摄）

枕鳞（张亮 摄）

眼镜王蛇幼体（李成 摄）

眼镜王蛇幼体（李成 摄）

（邓俊东　摄）

眼镜王蛇驱赶人类（杨希瑞 摄）

眼镜王蛇驱赶人类（杨希瑞 摄）

（张亮 摄）

（张亮 摄）

19. 舟山眼镜蛇 *Naja atra*

眼镜蛇科 Elapidae　　4 5 6 7 8 9 10 11

舟山眼镜蛇

　　别名：饭铲头、万蛇、吹风蛇、饭钥倩、过颈白。

　　中型前沟牙类毒蛇。平均体长100～200厘米。脊鳞两侧数行较窄长，斜列。通身背面黑褐色或暗褐色，体背具若干条白色细横纹，少数个体细横纹不明显。腹面前段污白色，后段灰黑色或灰褐色。典型个体大约在第10枚腹鳞处具1个深褐色横斑，占3～6枚腹鳞宽，在此横斑之前的腹鳞两侧各具1个深褐色点斑。受惊扰时，颈部平扁膨大，前半身常竖立，连续发出"呼"声，作攻击姿态，颈背可见双片眼镜状斑纹，部分个体眼镜状斑纹不规则或不明显（相近种孟加拉眼镜蛇颈背的斑纹似单片眼镜）。

　　在农田、林地、丘陵、村庄附近常见，甚至进入花园或住房。耐高温，高度适应城市化，昼夜均活动。受惊扰时，前半身竖起，颈部膨扁，露出颈背上的白色眼镜状斑纹，并发出"呼——呼——"的警告声。毒性强烈，但不主动攻击人。食性广，主要以鼠类、蟾蜍、蜥蜴、蛇类等小型脊椎动物和动物尸体为食，在自然界中充当着"清道夫"的角色。

（岑鹏 摄）

（张亮 摄）

粤西沿海个体（张亮 摄）

粤西沿海个体（张亮 摄）

粤西沿海个体，多栖息在炎热、干燥、多沙质的生境（张亮 摄）

（柳国雄 摄）

　　舟山眼镜蛇毒液以细胞毒素为主，含突触后神经毒素，被咬伤后的临床表现主要为局部疼痛肿胀、溃烂坏死，只有少数患者会出现神经毒性症状。这与其动物实验中的表现严重不符，在动物实验中，舟山眼镜蛇表现出强烈的神

（岑鹏 摄）

（张亮 摄）

（张亮 摄）

经毒性，但在人类身上神经毒性似乎被大幅度降低了，推断是其神经毒素与人体作用较差所致，但如果患者被咬到静脉、体质敏感或蛇的排毒量较大，仍然会出现严重的神经毒性症状，因此不容忽视。

国内分布于浙江、安徽、江西、福建、台湾、广东、香港、澳门、海南、广西、湖南、湖北、贵州、重庆。国外分布于越南、老挝、柬埔寨。

银环蛇

20. 银环蛇 *Bungarus multicinctus*

眼镜蛇科 Elapidae

别名：过基峡、簸箕甲、银脚带、雨伞节。

中型前沟牙类毒蛇。平均体长100～150厘米。头椭圆且略扁，与颈略可区分，头背黑色或黑褐色，枕及颈背具污白色的倒"V"形斑，有的个体不明显。吻端圆钝，鼻孔较大。眼小，瞳孔圆形。背鳞平滑，通身15行，体、尾背面具黑白相间的环状斑纹，通身白环宽度皆明显小于相邻黑环宽度。白环数（25～50）+（7～18）个。脊鳞扩大呈六边形，肥胖个体脊部棱脊不明显。腹面污白色，散布灰色碎斑。体圆柱形，尾短，末端略尖细。

常在公园、田边、路旁、坟地及菜园进水处被发现。夜行性。被灯光照射时显得十分神经质。剧毒，毒液具有强烈的神经毒性。主要捕食蛙类、蜥蜴、蛇类、鱼类、鼠类。

(张亮 摄)

（柳国雄 摄）

（柳国雄 摄）

（岑鹏 摄）

（岑鹏 摄）

　　银环蛇毒液以突触前神经毒素和突触后神经毒素为主，毒性为我国所有蛇类中最强，被咬伤后的临床表现主要为局部无感觉或轻微麻木、上睑下垂、吞咽困难、全身无力、呼吸衰竭，致死率非常高，是我国致人死亡数量最多的毒蛇。

　　国内分布于福建、台湾、江西、浙江、安徽、湖北、湖南、广东、香港、澳门、海南、广西、云南、贵州、重庆。国外分布于缅甸、越南、老挝。

21. 马来环蛇 *Bungarus candidus*

眼镜蛇科 Elapidae

1 2 3 4 5 6 7 8 9 10 11 12

中型前沟牙类毒蛇。平均体长100～150厘米。尾巴总长大约16厘米。头椭圆且略扁，与颈区分不明显，头背黑色或黑褐色。背鳞平滑，通身15行，脊鳞扩大呈六边形，肥胖个体脊部棱脊不明显。体、尾背面具黑白相间的环状斑纹（22～38）+（7～14）个，环状斑纹宽度从身体的前半部到后半部逐渐减小。幼体的头部两侧具大的白色斑纹。

夜行性。剧毒，神经毒素。捕食蛇类、蜥蜴、蛙类、鼠类。

（张亮 摄）

（张亮 摄）

（张亮 摄）

（张亮 摄）

（张亮 摄）

国内分布：广东珠海（张亮，未发表资料）大万山岛发现2号疑似马来环蛇；深圳、香港亦有目击记录，不排除是随远洋作业的渔船或来自东南亚的货物扩散至此，有待进一步考证。国外分布于柬埔寨、印度尼西亚（爪哇、苏门答腊、巴厘岛、苏拉威西）、马来西亚、新加坡、泰国、越南。

金环蛇

22. 金环蛇 *Bungarus fasciatus*

眼镜蛇科 Elapidae

别名：金脚带。

广东省重点保护陆生野生动物。中型前沟牙类毒蛇。平均体长150～200厘米。头椭圆且略扁，与颈区分不明显，头背黑色，枕及颈背具污黄色的倒"V"形斑，有的个体不明显。吻端圆钝，鼻孔较大。眼小，瞳孔圆形。背鳞平滑，通身15行，脊鳞扩大呈六边形。体、尾具约等宽的黑黄相间的环状斑纹，黄色环纹（20～26）+（3～5）个，有些个体在黄色环纹中央散布黑褐色点斑。体圆柱形，背脊明显棱起。尾短，末端钝圆。

栖息于海拔180～1 014米的平原或低山、植被覆盖率较高的近水处。夜行性。性温顺，行动迟缓。剧毒，神经毒素。捕食蛇类、蜥蜴、蛙类等。野外种群数量稀少。

（柳国雄 摄）

金环蛇毒液以突触前神经毒素和突触后神经毒素为主，含类心脏毒素。金环蛇的神经毒性不如银环蛇，但由于其排毒量较银环蛇大10倍，仍然十分危险，咬伤以神经毒性症状为主，致死率较高。

国内分布于云南、广西、广东、海南、香港、澳门、江西、福建。国外分布于印度、孟加拉国、缅甸、泰国、越南、老挝、柬埔寨、马来西亚、新加坡、印度尼西亚。

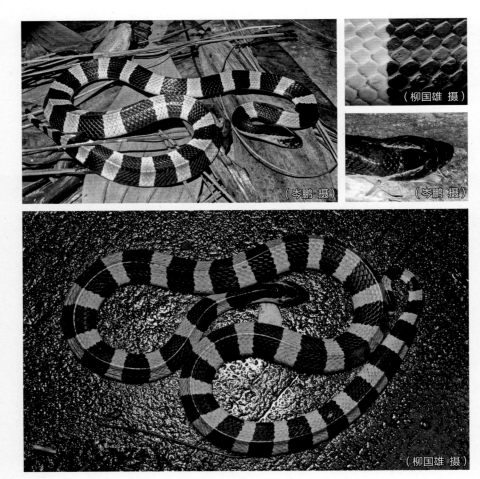

（柳国雄 摄）

（岑鹏 摄）

（岑鹏 摄）

（柳国雄 摄）

绿瘦蛇

23. 绿瘦蛇 *Ahaetulla prasina*

游蛇科 Colubridae

　　中小型树栖后沟牙类毒蛇。平均体长100～180厘米。头窄长，与颈区分明显，吻端略圆且平扁，超出下颌。眼大，瞳孔呈1条横缝，眼前后各具1个浅凹槽。通身背面鲜绿色、棕黄色或蓝绿色，差异较大。腹面色浅，腹鳞和尾下鳞具侧棱，侧棱白色、黄色或绿色，形成2条细纵纹。受惊扰时，身体前1/3处底部膨胀，皮肤和鳞缘的白色、黑色、黄色斑点暴露，身体向后回缩呈"S"形，形成攻击姿势。体细长如鞭，尾甚长且细，适于树栖攀缘。

　　栖息于山区林中。尾具缠绕性；昼夜均活动；从树洞

（张亮 摄）

（柳国雄 摄）

（张亮 摄）

（柳国雄 摄）

（柳国雄 摄）

或树上吸取雨水和露水。受惊时颈部竖起呈"S"形，但不主动攻击。毒性微弱。捕食蛙类、蜥蜴、鸟类。

国内分布于西藏、云南、贵州、广西、广东、香港、福建。国外分布于印度尼西亚、菲律宾、马来西亚、文莱、新加坡、泰国、柬埔寨、越南、老挝、缅甸、孟加拉国、印度、不丹。

24. 绞花林蛇 *Boiga kraepelini*

游蛇科 Colubridae

别名：绞花大头蛇。

中型树栖后沟牙类毒蛇。平均体长150~180厘米。头大，略呈三角形，与颈区分明显。眼偏大，瞳孔直立椭圆形。头背具不甚明显的深棕色倒"V"形斑，始自吻端，分支达枕部，头侧具深棕色纵纹，自鼻孔经眼斜达口角，有的个体不明显，颞鳞片较小不成列。脊鳞不扩大或略大于相邻背鳞，背鳞斜列。通身背面灰色或棕褐色，体、尾正背具1行粗大而不规则、镶黄边的深棕色或红褐色斑，体侧具1行较小的深棕色或红褐色点斑，位于背脊2个斑之

（张亮 摄）

（张亮 摄）

（张亮 摄）

（柳国雄 摄）

（岑鹏 摄）

（柳国雄 摄）

（柳国雄 摄）

间。腹面白色，密布棕褐色或浅紫褐色点。体略侧扁，尾细长，适于缠绕。

　　生活在山区、丘陵的林区或灌丛中。具缠绕性。夜行性。微毒。捕食蜥蜴、鸟卵等。易与原矛头蝮混淆。

　　国内分布于台湾、福建、广东、海南、广西、贵州、四川、重庆、甘肃、湖南、湖北、江西、浙江、安徽。国外分布于越南、老挝。

繁花林蛇

25. 繁花林蛇 *Boiga multomaculata*

游蛇科Colubridae

中小型树栖后沟牙类毒蛇。平均体长80~130厘米。头大，略呈三角形，与颈区分明显。眼偏大，瞳孔直立椭圆形。头背具1个深棕色倒"V"形斑，始自吻端，分支达枕部。头侧具1条深棕色纵纹，自吻端经眼斜达口角。上、下唇鳞白色，鳞缘色黑。通身背面褐色或浅褐色，正背具2行深棕色块斑，其下各具1行较小的深棕色斑，位于2个粗大点斑之间。脊鳞显著大于相邻背鳞。部分个体最外侧1~2行背鳞和腹鳞外侧淡黄色。腹面污白色，腹鳞杂以浅褐色和褐色斑。体略侧扁，尾细长，适于缠绕。

生活在山区、丘陵的林区或农田附近灌丛中。具缠绕性。夜行性。微毒。捕食蜥蜴、鸟卵等。易与泰国圆斑蝰混淆。

（柳国雄 摄）

（柳国雄 摄）

（柳国雄 摄）

（蔡汉章 摄）

（岑鹏 摄）

（岑鹏 摄）

（柳国雄 摄）

　　国内分布于云南、贵州、广西、广东、海南、香港、澳门、福建。国外分布于印度尼西亚、马来西亚、新加坡、泰国、柬埔寨、越南、老挝、缅甸、孟加拉国、印度。

26. 海勒颈槽蛇 *Rhabdophis helleri*

海勒颈槽蛇

水游蛇科 Natricidae

别名：红脖游蛇、红脖颈槽蛇。

中小型毒蛇。平均体长70～100厘米。头椭圆形，与颈区分明显。颈背正中2行背鳞间具1个纵行浅凹槽，颈部及体前段猩红色。眼较大，瞳孔圆形。颊鳞1枚。眶前鳞1枚，眶后鳞3枚或4枚，个别为2枚。上唇鳞8枚，少数为9枚，下唇鳞10枚，个别为9枚。通身背面橄榄绿色，背鳞19-19-17行，全部具棱或仅最外行平滑。腹面黄白色。受到惊扰时，体前段膨扁，颈部及体前段猩红色更加醒目。口腔内的达氏腺和颈背的颈腺的分泌物有毒。

栖息于海拔1 600米以下的中低山，常在山地、丘陵的溪流边及林地边缘活动。海勒颈槽蛇颈槽中的白色毒液来自蟾蜍。海勒颈槽蛇吞食蟾蜍后，把蟾蜍的毒液吸收转存于颈腺，当受到攻击时，颈腺会把毒液溅出。日行性。有毒。捕食两栖类动物。

该蛇最后2枚上颌齿显著增大，向后弯曲。上颌齿无沟槽且没有导管与达氏腺相连，输送效率较低，被咬伤者可能不会出现中毒症状或症状较轻，过去被认为是微毒蛇。

（张亮 摄）

（岑鹏 摄）（柳国雄 摄）
（岑鹏 摄）（柳国雄 摄）

但国内已出现严重中毒案例，死亡人数已超过10人，应当将其列为剧毒蛇。

海勒颈槽蛇凝血毒素作用机制与虎斑颈槽蛇类似，对凝血因子的消耗能力非常强。临床上见被该蛇咬伤的患者，有伤口出血难止甚至全身出血倾向，但一般情况并不严重，很少出现循环功能不全，除非不能有效止血而引起出血性休克，或重要器官出血，如脑出血，而致死。我国目前尚无海勒颈槽蛇的抗蛇毒血清，多采用抗蝮蛇毒血清治疗，但治疗效果仍存在争议。

国内分布于海南、广西、广东、香港、福建、江西、云南、贵州、四川。国外分布于东南亚各国。

注：David和Vogel（2021）把红脖颈槽蛇种组分为4个种，具体分类如下：印度尼西亚苏门答腊和爪哇的为红脖颈槽蛇 *Rhabdophis subminiatus*；中国（西双版纳），以及中南半岛到马来半岛的为泰国颈槽蛇 *Rhabdophis siamensis*；中国海南省的作为新种：拟红脖颈槽蛇 *Rhabdophis confusus*；中国、越南北部、老挝、印度东北部的原红脖颈槽蛇北方亚种提升为独立种 *Rhabdophis helleri*，由于颈槽蛇属物种中分布范围最北的是虎斑颈槽蛇，中文名有"北方"一词显得名不符实，容易产生误导作用，因此建议中文名改为海勒颈槽蛇（黄松，个人通讯）。

27. 广东颈槽蛇 *Rhabdophis guangdongensis*

水游蛇科 Natricidae　　①②③ ④ ⑤ ⑥ ⑦ ⑧ ⑨ ⑩ ⑪ ⑫

　　广东省重点保护陆生野生动物。中小型毒蛇。平均体长50～70厘米。性情温顺。头椭圆形，与颈区分明显，颈背正中2行背鳞间具1个纵行浅凹槽。眼较大，瞳孔圆形。颊鳞1枚。眶前鳞1枚，眶后鳞2枚。上唇鳞6枚，下唇鳞7枚。头背灰褐色，唇鳞浅灰色，具2条醒目的粗大黑色斑纹：1条在眼下方，1条在第5和第6上唇鳞上。头腹具黑斑，往后逐渐变成全黑。颈部具约5枚鳞片长的黑色横斑，接着具1个橙色"V"形斑，宽约4行鳞片。体背灰褐色，

（张亮 摄）

（张亮 摄）

（岑鹏 摄）

(张亮 摄)

(岑鹏 摄)

具黑褐色横纹44+15条，横纹上具排列规则的白点。体侧各具1条棕红色纵纹。背鳞15行，除最外行平滑外，其余具弱棱。体、尾腹面乳白色，体前部腹鳞中间散布黑点、黑斑，向后逐渐弥合为黑斑，并逐渐加宽，几乎占据整个腹鳞。

　　栖息于山地及林地边缘。日行性。毒性不详。捕食蟾蜍、蚯蚓。

　　中国特有种。仅分布于广东（韶关、深圳、东莞、惠州南昆山、广州从化）。

虎斑颈槽蛇

28. 虎斑颈槽蛇 *Rhabdophis tigrinus*

水游蛇科 Natricidae

别名：野鸡脖子、虎斑游蛇。

中小型毒蛇。平均体长70～100厘米。性情温顺。头椭圆形，与颈区分明显。眼较大，瞳孔圆形。颊鳞1枚。眶前鳞2枚或1枚，眶后鳞3枚或4枚。上唇鳞7枚或8枚，下唇鳞8～10枚。头背橄榄绿色或浅蓝色或蓝色，上唇鳞污白色，鳞沟色黑，眼正下方及斜后方各具1条粗黑纹，非常醒目。头腹白色。通身背面橄榄绿色或草绿色或浅蓝色或蓝色（底色变异较大），颈背正中2行背鳞间具1个纵行浅凹槽。体前段两侧具常呈方形的粗大的黑色与橘红色斑块，相间排列，后段犹可见黑色斑块，橘红色斑块则渐趋消失。体、尾腹面前段灰白色，散布灰黑色点；后段渐呈黑色。背鳞19-19-17（15）行，全部具棱或仅最外行平滑。体侧斑纹两色间隔，似虎斑，故名"虎斑颈槽蛇"。受惊扰时体前段膨扁且竖起。口腔内的达氏腺和颈背的颈腺的分泌物有毒，毒性较强。

（朱滨清 摄）

　　栖息于山地、农田、水边及林地边缘。日行性。捕食鱼类、蛙类、蟾蜍等。

　　该种分布广，有若干亚种分化。国内分布于黑龙江、吉林、辽宁、内蒙古、河北、北京、天津、山东、江苏、上海、安徽、河南、山西、陕西、宁夏、甘肃、青海、贵州、四川、重庆、广西、广东（仅见于乳源、广东南岭国家级自然保护区）、湖北、湖南、江西、浙江、福建、台湾。国外分布于日本、俄罗斯、朝鲜、韩国。

（李辰亮 摄）

虎斑颈槽蛇的刀齿（朱滨清 摄）

（朱滨清 摄）

四、蛇类出没原因与攻击方式

1. 出没原因

（1）季节因素

夏季是蛇捕食、繁殖的旺季，冬眠结束后，蛇类逐渐苏醒外出觅食、求偶，活动频繁。夏末秋初通常也是蛇出没的高峰期，这时候因为临近冬季，蛇类会频繁地出没进行捕食，为即将到来的冬眠储存能量。

（2）天气因素

蛇类一般在闷热欲雨或雨后初晴时出洞活动，特别是天气湿热、雨水多的时候，蛇类会更加活跃。所以，雨前、雨后、洪水过后的时间内要特别注意防蛇。

（3）环境因素

人居住宅附近也是蛇类喜欢出没的地方，因为人类居住的地方会产生垃圾，而垃圾会引来老鼠，捕食老鼠的蛇类也会跟随老鼠出现在住宅附近。蛇类喜居隐蔽、潮湿、人迹罕至、杂草丛生、树木繁茂、有树洞且食物丰富的环境，也有的蛇栖居在水中。所以做好居住环境的垃圾清理，也是一种有效预防蛇类出现的手段。住宅区周围没及时清理的枯枝落叶处，也是蛇类喜欢躲藏的地方。

（4）栖息地被占领

随着城市的高度发展，越来越多的高楼拔地而起，城市在不断地扩大，而野生动物的栖息地在不断地减少。蛇类并不能像鸟类一样具有迁徙的能力，生境的破碎化、栖息地的消失，促使一部分的野生蛇类数量在不断减少，而一部分的蛇类则出现在被人类占领的土地上，时常会与人类产生冲突，随着时间的推移，它们渐渐适应城市的生活，时常出现在公园、住宅区等附近。

2. 攻击方式

蛇类一般不主动攻击人，但人常因踩到或接触它们，或靠得太近，引起蛇的防御性进攻而被咬伤，临床上有80%以上被毒蛇咬伤的患者都是因为踩到或触摸到蛇而受伤。

部分蛇有颊窝，这种蛇有主动进攻性，如蝰科蝮亚科的五步蛇、蝮蛇、烙铁头蛇、竹叶青蛇等。颊窝又称为"热成像器"，对红外线特别敏感，这是一种有助于蛇类觅食的特殊器官。当周围有恒温动物活动时，有颊窝的蛇类能立即察觉出来，并能确定红外线发出的位置，随之进行追踪并加以攻击。所以五步蛇、竹叶青蛇等有扑火习性和攻击习性，就与颊窝有关。

眼镜王蛇进攻性很强，往往会驱赶、追击来犯的目标，它们主要靠的是嗅觉、视觉和地表震动来探知进攻方向及目标，其准确度十分高。

以下为具代表性的4个科蛇类典型的攻击方式：

（1）**眼镜蛇科**

眼镜蛇高高竖起头部，迅速咬住目标并用毒牙注射毒液，部分种类还会向目标喷射毒液（可将毒液准确射向2米范围内的目标）。与人类发生冲突的时候，眼镜蛇科的毒蛇会迅速咬住人类注射毒液后，马上松口。

（2）**蝰科**

当蝰科的毒蛇与人发生冲突的时候，都会迅速咬住目标并用毒牙注射毒液，然后松口。在盘绕状时发起攻击的距离可达它身长的一半。而当它们捕捉猎物的时候，会紧紧咬住猎物注射毒液，并不会松口，直至猎物死亡不再抵抗。如猎物反抗猛烈，它们会释放猎物，待蛇毒发挥体外作用后，再跟随猎物气味寻找到猎物并吞食（林植华 等，2010；吴其锐，2012）。

（3）**蟒科**

蟒蛇会突然袭击，咬住目标并紧紧地缠绕住目标，直至目标窒息死亡。蟒蛇缠绕人的情况一般发生在人类捕捉它们时抓住其不放手的时候，在蟒蛇缠绕的时候迅速放手，蟒蛇就会自动脱离。

（4）**游蛇科**

游蛇科的蛇类，攻击人的情况一般发生在人试图去捕捉它们的时候。正常情况下，游蛇科的蛇类在发现人类的时候会主动逃跑躲避。

五、蛇伤防范与救治指南

1. 毒蛇毒素种类

蛇毒主要成分是毒性蛋白质，占干重的90%～95%。酶类和毒素有20多种。此外，还含有一些小分子肽、氨基酸、碳水化合物、脂类、核苷、生物胺类及金属离子等。不同蛇毒的毒性、药理及毒理作用各具特点。不同的品种、亚种，甚至同一种蛇不同季节所分泌的毒液，其毒性成分仍存在一定的差异。毒蛇的毒液构成成分极其复杂，按其毒素可分为以下6类：

（1）**神经毒素**

神经毒素主要为β-神经毒素（β-neurotoxin，β-NT）和α-神经毒素（α-neurotoxin，α-NT），分别作用于运动神经末梢（突触前）和运动终板（突触后）的乙酰胆碱受体，β-NT抑制乙酰胆碱释放，α-NT竞争乙酰胆碱受体，均可阻滞神经的正常传导而致神经肌肉弛缓性麻痹，大多数神经毒素类蛇毒含有突触前神经毒素和突触后神经毒素。此类蛇伤早期临床表现为眼睑下垂、吞咽困难，继而呼吸肌麻痹、呼吸衰竭，甚至呼吸停止。金环蛇、银环蛇、海蛇等为神经毒素毒蛇。

（2）**血循毒素**

血循毒素以凝血毒素为主，还有溶血毒素、纤维蛋白溶解毒素、抗凝血成分、血小板积聚变性成分、出血毒素等。酶的含量较多，主要有磷脂酶A_2、激肽释放酶、精氨酸酯酶、透明质酸酶等。人被咬后伤口肿痛，出血，发病急，皮下出血形成瘀斑，常引起弥散性血管内凝血（DIC）。蝰蛇毒主要作用于血液因子X，初始阶段是血液大量快速凝固，血液中凝血因子被大量消耗，之后，血液失凝，全身严重出血，部分患者可因溶血而致贫血及黄疸、肾功能衰竭，甚至出现肺出血及脑出血，病死率较高。竹叶青蛇、蝰蛇、原矛头蝮等都是血循毒素毒蛇。

（3）**细胞毒素**

细胞毒素中的透明质酸酶可使伤口局部组织透明质酸解聚、细胞间质溶解和组织通透性增大，除产生局部肿胀、疼痛等症状外，还促使蛇毒素更容易经淋巴管和毛细血管吸收进入血循环而出现全身中毒症状。蛋白水解酶可损害血管和组织，同时释放组胺、5-羟色胺、肾上腺素等多种血管活性物质。心脏毒素（或称为膜毒素、肌肉毒素、眼镜蛇胺等）可引起细胞破坏、组织坏死，轻者局部肿胀、皮肤软组织坏死，严重者出现大片坏死，可深达肌肉筋膜和骨膜，导致患肢残疾，还可直接引起心肌损害，甚至心肌细胞变性坏死。尖吻蝮咬伤以血循毒素和细胞毒素表现为主。

（4）**混合毒素**

混合毒素中毒会同时出现神经毒素、血循毒素或细胞毒素的临床表现，该毒素的作用是破坏血管内皮细胞导致出血并损害心肌细胞导致心肌缺血，同时抑制呼吸神经，最终因呼吸肌麻痹及脏器衰竭而死亡。如眼镜王蛇咬伤以神经毒素表现为主，合并细胞毒素表现；舟山眼镜蛇毒液是以细胞毒素（造成水肿坏死）和突触后神经毒素（造成神经肌肉麻痹）为主的混合毒素类蛇毒。

（5）**颈槽蛇属达氏腺毒素**

达氏腺（Duvernoy）是一种典型的分枝管状复腺，含有特有的浆液细胞，不像真正的毒腺那样具有大型的细胞外毒液储液囊。少数游蛇的颚部纹状肌肉系统与达氏腺相连，大多数腺体无肌肉附着，腺体的分泌物通过开口后方上颌齿旁边的一根导管流至口腔，由牙齿刮破皮肤，使毒液接触血液，从而导致猎物中毒。颈槽蛇属的蛇同样具备成为达氏腺的毒腺。

颈槽蛇属物种最后2枚上颌齿显著增大，向后弯曲，呈镰刀状。其牙无沟槽亦无导管，故应称为刀齿。蛙类和蟾蜍被捕食时，出于自卫会吸气使身体膨胀，使蛇类吞咽困难。这时，刀齿具有切割的功能，可以将蛙类和蟾蜍的表皮划开，放出膨胀的气体，便于蛇类吞食。

（6）**颈腺毒素**

颈腺作为一个特殊的防御器官，仅在隶属于颈槽蛇属 *Rhabdophis*、颈棱蛇属 *Macropisthodon* 及槲头蛇属 *Balanophis* 这3个属的17个物种中发现，是一种心脏性类固醇物质，称为蟾蜍二烯羟酸内酯（Bufadienolide）。颈腺所分泌的特殊物质并非自身产生的，而与其猎物有着密切的联系。

颈腺毒素对黏膜有较强的刺激作用，有学者进行了颈腺分泌物对眼睛毒性的研究，结果显示虎斑颈槽蛇台湾亚种 *Rhabdophis tigrinus formosanus* 的颈腺分泌物在进入眼睛后会有异物感、渐进性烧灼痛和视力模糊的症状，眼科检查发现弥漫性浅表点状角膜炎、角膜间质水肿伴韧带皱褶、结膜充血。患者对皮质类固醇、抗组胺药和抗生素的局部治疗反应良好，临床病程和疗效良好。

2. 蛇毒的中毒机制

毒蛇主要经中空的大牙向被咬对象注入毒液，大牙通过毒腺导管与位于上颌咬肌下方的毒囊相连，毒液是毒蛇用于捕获猎物和帮助其分解消化食物的黏稠液体，捕食时咬肌收缩挤压毒囊，毒液沿毒腺导管从大牙注入咬伤部位，经淋巴管和静脉系统吸收，在攻击对象体内造成影响。

根据对机体效应的不同，蛇毒分为神经毒素类、血循毒素类、细胞毒素类和混合毒素类。另外，蛇毒还有颈槽蛇属达氏腺毒素类和颈腺毒素类。毒液多为淡黄色或乳白色半透明黏稠状液体，已知成分达100多种。每种蛇毒含有多种不同的毒性成分，不同蛇毒中毒性物质含量有较大差异，同种蛇毒的毒性成分可因地域分布、季节、蛇龄等不同而有差异，甚至同一个个体每次排注的毒液特性都有不同。

并非所有被毒蛇咬伤的人都会发生蛇毒中毒，2%～50%的病例属于"干"咬（无毒咬击）。在蛇毒中毒的确发生的情况下，其临床效应取决于毒液中的毒素。蛇毒含有一系列毒素，可引起局部和全身的临床效应，严重程度范围从轻度到致死。

3. 如何判断毒蛇或无毒蛇咬伤

（1）从伤口形状看特殊的牙痕

毒蛇有毒牙，伤口上会有1～4个较深的牙印；而无毒蛇咬伤的伤口则是一排细小的牙印，呈锯齿状或弧形两排排列（记住咬伤的蛇类特征）。

（2）局部伤情及全身表现

从咬伤时间上看，如咬伤十几分钟后伤口处红肿、出血、疼痛或麻木，则是毒蛇；金环蛇和银环蛇等咬伤后虽伤口无红肿与疼痛，仅有轻微麻木与微痒，甚至无感觉，但毒性发作时身体会出现乏力、语言不清、呼吸麻痹等症状；若咬伤所致的伤口无麻木感、肿胀、出血或坏死等，仅表现为外伤样的少许疼痛，数分钟后疼痛逐渐减轻或彻底消失，则是无毒蛇。

　　注意：无论被哪种蛇咬伤，都要立即送到附近正规医院进行检查救治，切莫掉以轻心。

毒蛇咬痕（莫嘉琪 绘图）

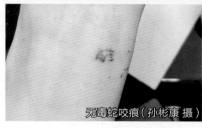

无毒蛇咬痕（孙彬康 摄）

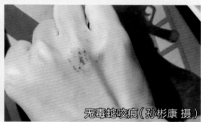

无毒蛇咬痕（孙彬康 摄）

4．如何预防蛇类咬伤

　　对于一般居民，开展预防性的蛇伤防治教育是最重要的预防办法。

　　广东省属于蛇伤高发区域，夏秋两季是蛇伤的高发季节。蛇类有一定的昼夜活动规律，如眼镜蛇与眼镜王蛇喜欢白天活动（9：00—15：00），银环蛇则多在晚上活动（18：00至次日凌晨），而蝮蛇视种类不同会有区别，白天晚上均有活动，在广东省以晚间为多。

蛇是变温动物，通常在气温达到20℃以上才出来活动，活跃水平与温湿度关系紧密，在闷热潮湿或雨后初晴的天气要特别注意。

蛇类不会主动攻击，与蛇相遇，要避免惊扰它，不要故意震动地面，尽量绕道或缓慢后退。不要试图徒手去抓蛇或捡拾看似死亡的蛇，大多数被蛇咬伤的情况是抓蛇或打扰蛇所致。

对于毒蛇养殖户，应加强养蛇作业中的个人防护，使用有效的防护工具，如配备防咬伤手套、靴子等装备，并对养蛇作业人员进行严格的上岗前培训，规范工作程序。

对于一般的林区工作者：

①进入山区、树林、草丛地带应穿好鞋袜，扎紧裤腿，如果有必要，应穿着具有防护功能的鞋靴。

②在通视良好的路线行走，不随意进入灌草丛等蛇可能栖息的环境，没有做充分检查时，禁止把手或脚伸入鼠洞、树洞、石块背面等无法目视的位置。

③进入无法通视的灌草丛时，应用棍棒拍打试探，把蛇吓跑。但泰国圆斑蝰对打草也可能无动于衷。

④在山林地带宿营时，应选择空旷通透、容易检查的环境，做好营地检视，睡前和起床后应检查有无蛇潜入。可在营地周围撒防蛇粉等。

⑤遇见毒蛇，应回避或绕道通过；若被蛇追逐，应向上坡跑，或忽左忽右地转弯跑，切勿直跑或向下坡跑。

5. 毒蛇咬伤救治

（1）救治原则

不清楚是虫伤还是蛇伤时，按蛇伤治疗；不清楚是无毒蛇还是毒蛇咬伤时，按毒蛇咬伤治疗。迅速辨明是否为毒蛇咬伤，分类处理；对毒蛇咬伤应立即清除局部毒液，阻止毒素的继续吸收，或中和已吸收的毒素；根据蛇毒种类尽快使用相应的抗蛇毒血清；防止各种并发症的发生。

（2）现场急救

毒蛇咬伤应迅速清除和破坏局部毒液，减缓毒液吸收，尽快送至有蛇伤治疗经验的医院。有条件时迅速负压吸出局部蛇毒，同时使用可破坏局部蛇毒的药物如胰蛋白酶、依地酸二钠（仅用于血循毒素）

进行伤口内注射，或0.1%高锰酸钾溶液进行伤口内冲洗。总之，要尽量实施无伤害处理，避免无效的耗时性措施。不要等待症状发作以确定是否中毒，而应立即送医院急诊处理。

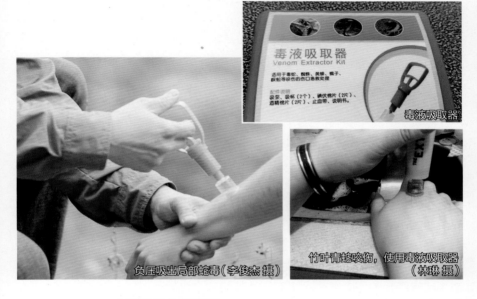

负压吸出局部蛇毒（李俊杰 摄）

竹叶青蛇咬伤，使用毒液吸取器
（林琳 摄）

（3）主要院前急救措施

院前救治采用正确的局部伤口处理方法，可取得事半功倍的效果，治疗成功率明显提高；不当的处理方法可造成危害，导致病情恶化。

1）镇定

尽量保持冷静，避免慌张、激动、奔跑，同时思想上要重视，不要麻痹大意。

2）脱离

立即远离被蛇咬的地方，如蛇咬住不放，可用棍棒或其他工具促使其离开；在水中被蛇（如海蛇）咬伤应立即将受伤者移送到岸边或船上，以免发生淹溺。

3）认蛇

尽量记住蛇的基本特征，如蛇形、蛇头、蛇体和颜色，有条件者拍摄致伤蛇照片，避免徒手去捕捉或捡拾蛇，以免二次被咬。

4）冲洗

迅速冲洗，清除伤口蛇毒；有条件者，可按"一"字形切开伤口，再冲洗；要正确地进行现场处理，无论情况如何危急，务必首先用水冲洗伤口处，将伤口处还没有吸收的蛇毒冲洗掉。

5）解压

去除受伤部位的各种受限物品，如戒指、手镯、脚链、手表、较紧的衣或裤袖、鞋子等，以免后续的肿胀导致无法取出，加重局部伤害。

6）制动

尽量全身完全制动，尤其受伤肢体，避免血液循环加速。可用夹板固定伤肢以保持稳固，伤口相对低位（保持在心脏水平以下），切勿自行截肢。如果需移动伤者，请使用门板等担架替代物将伤者送至可转运的地方，不要让伤者自己走动，以减少毒素的吸收，并尽快送往医疗机构诊治。

7）绑扎

绷带加压固定是对神经毒素毒蛇咬伤的常用急救方法，但当今医学界不建议绑扎。早期局部绑扎的伤者，中毒程度、预后及并发症，都不比未绑扎的伤者要轻；更有绑扎的伤者中毒发作时间反而更快；甚至还有绑扎过紧、过长导致局部组织损伤、溃疡坏死或肢体缺血性坏死加重，治疗效果更差。不建议绑扎的原因如下：

①毛细血管通透性增加。

②蛇毒中的蛋白水解酶、透明质酸酶及出血凝血毒素的综合作用，使本来只能选择性地由淋巴吸收的蛇毒，这时可直接进入血管内经血液吸收。

③蛇毒进入深静脉的回流更快。

④放松绑扎时可导致大量蛇毒在体内对内脏器官的突然冲击。

8）禁忌

除有效的负压吸毒和破坏局部蛇毒的措施外，避免迷信草药和其他未经证实或不安全的急救措施。

9）呼救

分秒必争，迅速拨打"120"急救电话，尽快将伤者送至蛇伤专科医院。

10）止痛

如有条件，可给予对乙酰氨基酚或阿片类药物口服止痛，避免饮酒止痛。可用清水、盐水、肥皂水或0.1%高锰酸钾溶液反复冲洗伤口，清除黏附的毒液，如伤口有毒牙，应及时挑出；在结扎、冲洗后可使用拔火罐法促使毒液排出。另外，用冰块、冷泉水或者井水浸泡伤肢，也可减缓毒素的吸收与扩散。不建议使用嘴巴吸取毒液，因为如果口腔黏膜或牙龈有损伤的话，吸取毒液的人也会因此中毒。

11）复苏

救护人员到达现场急救时，原则上应在健侧肢体建立静脉通道，并留取血液标本备检，根据情况给予生命体征监测，必要时给予液体复苏。如伤者出现恶心、呕吐现象，应将其置于左侧卧位，并密切观察气道和呼吸，随时准备复苏，如意识丧失、呼吸心跳停止，应立即进行心肺复苏。

总体来说，在毒蛇咬伤现场（院前）急救的关键点是保持冷静，患肢加压制动，寻求帮助。记清楚蛇的外观，如有可能，快速用手机把蛇拍下来，方便更好辨认蛇的类型，使伤者在医院急救时得到正确的诊断，以便处理伤势。院前救治采用正确的局部伤口处理方法，可取得事半功倍的效果，治疗成功率明显提高；不当的处理方法可造成危害，导致病情恶化。

特别注意：

①神经毒素（如银环蛇）、混合毒素（如眼镜王蛇）的蛇伤，最好拨打"120"急救电话送往蛇伤专科医院，不要进行非专业救治行为，避免运送途中引起伤者呼吸麻痹而窒息死亡。

②泰国圆斑蝰咬伤不能随意切开伤口排毒，但眼镜蛇咬伤出现瘀黑必须局部切开减压排毒。

③不清楚是毒蛇还是无毒蛇，按毒蛇咬伤治疗。

④仅有1%的生存希望，也要尽100%的努力抢救。

（4）诊断毒蛇咬伤依据

如果把毒蛇咬伤的伤口给医生看，还是能分辨的，每种毒蛇咬伤会有各自的临床表现特点。能否正确诊断，主要依据：

①病史：被毒蛇咬伤史。

②流行病学情况（或资料）。

③属于哪种毒蛇咬伤：a. 伤者或知情者提供的资料；b. 仔细检查伤者伤口情况；c. 全身中毒临床表现；d. 打死或抓获该蛇来辨认；e. 实验室检查帮助诊断。

从局部伤口看，我们可以初步判断是不是有毒的蛇：无毒蛇留下的牙印为两排锯齿状；毒蛇的牙印会留有1～4个。而不同毒蛇咬伤伤口也有各自的临床特点：如银环蛇、金环蛇咬伤不痛无肿，或仅仅有些麻木，甚至连牙印都没有；眼镜蛇咬伤局部伤口有明显瘀黑、肿胀，甚至坏死；竹叶青蛇咬伤局部伤口有明显瘀斑、轻度或中度肿胀；烙铁头蛇咬伤局部肿胀明显；圆斑蝰咬伤伤口疼痛、渗血、出血或出血不止、轻度肿胀。还有全身症状，实验室检查都有不同的表现。

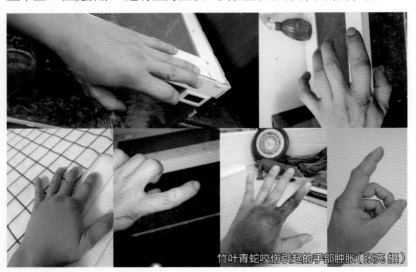

竹叶青蛇咬伤引起的手部肿胀（张亮 摄）

（5）尽早使用抗蛇毒血清

抗蛇毒血清免疫球蛋白（抗蛇毒血清）是免疫对抗一种或多种蛇毒的、从动物（马或绵羊）血浆中提取出来的免疫球蛋白或免疫球蛋白片段，是治疗蛇咬伤中毒唯一切实有效的抗蛇毒药，具有中和相应蛇毒的作用。高品质抗蛇毒血清的使用已被广泛接受，使用抗蛇毒血清是毒蛇咬伤治疗最重要的决策，抗蛇毒血清也是国际公认的治疗特

2

aa
aa

效药，早期使用抗蛇毒血清是抢救成功的关键。抗蛇毒血清越早使用，效果越好。

夏婷婷副护士长正细心为蛇伤患者用飞龙汤冲洗患处（钟健荣 供）

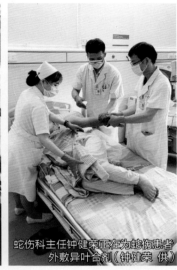

蛇伤科主任钟健荣正在为蛇伤患者外敷异叶合剂（钟健荣 供）

余培南教授带领医护骨干进行蛇伤患者查房（钟健荣 供）

朱弘海主任讲授蛇伤防治与救治知识（钟健荣 供）

抗蛇毒血清的使用主要遵守以下3项基本原则：早期用药、同种专一、异种联合。

目前我省（广东）可能用到的抗蛇毒血清有以下几种组合：

（钟健荣 供）

抗蝮蛇毒血清——蝮蛇、原矛头蝮、竹叶青蛇、烙铁头蛇。

抗五步蛇毒血清——尖吻蝮、原矛头蝮。

抗银环蛇毒血清——银环蛇、金环蛇、海蛇。

抗眼镜蛇毒血清——眼镜蛇、眼镜王蛇（加：抗银环蛇毒血清）。

抗蝰蛇毒血清——泰国圆斑蝰。抗蝰蛇毒血清目前还没有真正运用在临床上。对2015年10月重庆师范大学余晓东教授在肇庆提取的泰国圆斑蝰毒素进行实验，结果证明泰国圆斑蝰毒素可被抗五步蛇毒血清和抗蝮蛇毒血清所中和。

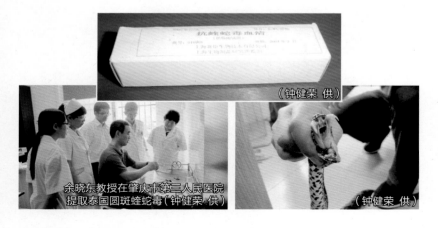

（钟健荣 供）

余晓东教授在肇庆市第三人民医院提取泰国圆斑蝰蛇毒（钟健荣 供）　　（钟健荣 供）

六、综合防范

城市化进程改变了蛇类栖息地，同时也改变了某些种类的蛇的习性。有的蛇类选择退到孤岛化的生境，有的则主动或被迫与人类比邻而居。对某些蛇类而言，城市可能可以获得更多高营养的食物（如鼠类、两栖类动物、家养动物等）；但也存在着风险。

人居环境内的建筑物与野外生境间多有攀缘植物连接，便于蛇类攀爬进出。周边生境同时存在一定数量的食物源，如鼠类、蛙类、蜥蜴等，加上人工湖、树洞、石缝等适合的生境，给蛇类营造了合适的栖息环境。

据调查，"扰民"的蛇主要有以下3种来源：

1）流离失所

城市化的飞速发展，导致本地动物栖息地被破坏，但是依然有些动物被迫在人为改造过的环境里求生存，这样一来难免会与人发生冲突。

2）逃逸

在蛇类贸易过程中，运输或存放时出现漏洞，活蛇逃逸不可避免。

3）人为投放

人为盲目地"放生"，不仅容易引进外来蛇种，而且还会影响当地生态系统平衡。

1. 个人防范

①在户外进入草丛或树林时，应该穿高帮鞋、长袖衣、长裤，尽量不要把皮肤裸露在外，同时使用长棍子不断打击地面、草丛、树干，以吓跑蛇，而不是用大声说话来进行驱赶，过大的动作可能会激怒蛇，使其发动攻击。

②不要随意跨入路旁绿化带，或踏入密草丛中；不要捡拾草地上、溪涧旁、树林下的任何枝状物、石头、花草或其他废弃物品，切忌随意翻动路旁石块，以免遭到蛇的攻击。

③个人居住环境附近的垃圾和枯枝落叶等要及时清理干净，对破

损的墙体进行修补，做好灭鼠工作，搞好卫生，从食物链上断绝吸引毒蛇的食物源。

④在住宅附近遇见蛇，切勿惊慌，让蛇类自行远离或人绕道远离即可，尤其不要震动地面，如蛇类长时间不走影响日常生活，可拨打"119"消防电话或者动物应急救助小组的电话求助。切记，不要试图徒手接触蛇或捡拾看似死亡的蛇，应与蛇类保持安全的距离。

2. 机构（社区）防范

（1）环境治理

①清理杂草堆，以及排水沟积水淤泥。

②修复石头缝隙，以及填充树洞空洞。

③保持内部水源地，以及排水沟排水畅通。

④通过生态调控，减少环境内部蛇类食物链。

（2）物理拦截

①检查入侵漏洞：如门缝、下水道、排水孔、室内结构漏洞等。

②封堵修复：使用硅胶片堵门缝、安装防蚊闸、使用硅胶板封闭等。

③塑料平网：使用塑料平网围栏防止蛇类进入。

④热镀锌网：使用热镀锌网拦截蛇类。

检查入侵漏洞（张灿坚 供）

封堵修复（张灿坚 供）

使用塑料平网拦截蛇类（陈伟平 供）

在围栏处使用热镀锌网拦截蛇类（张灿坚 供）

⑤安置诱蛇笼：控制蛇类的分布密度。

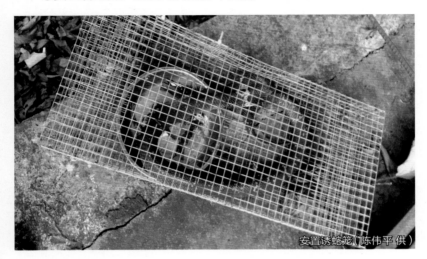

安置诱蛇笼（陈伟平 供）

（3）常用物品

民间驱蛇常用雄黄，雄黄虽有一定的驱虫作用，但实际应用上，很难具有驱蛇的效果。

1）驱蛇所用到的药物

①1千克驱蛇粉。

②驱蛇丸。

③500毫升驱蛇浓缩液。

④1 000毫升驱蛇浓缩液。

2）诱捕蛇类常用设备及诱饵

①陆地诱捕笼：可用于诱捕陆栖蛇类。

②人工养殖虎纹蛙。

陆地诱捕笼（陈伟平 供）　　　　　　虎纹蛙（张亮 摄）

③围网：围网阻隔。

④防咬鞋：用于降低处理蛇类活体所带来的被咬风险。

⑤蛇夹：用于夹住蛇类的身体，解决徒手捕蛇带来的被咬风险。

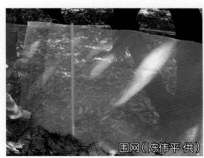

围网（陈伟平 供）　　　　　　防咬鞋（张亮 摄）

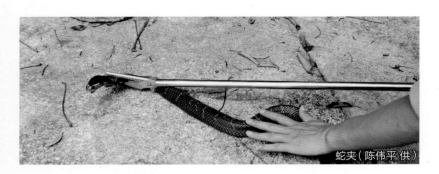

蛇夹（陈伟平 供）

（4）人工巡查及捕捉

人工定期巡查一方面可确保防蛇装置能够有效运作，另一方面可以根据巡查的现场情况不断去完善防蛇装置。对于误闯进人类居住环境的蛇类，联系专业人士进行捕捉野放。

巡查及维护方法：

1）巡查及维护频率

第一年的第一、第二个月巡查及维护1次。

每年4—11月巡查及维护2次。

每年12月至翌年3月巡查及维护1次。

2）约定时间方法

每月至少提前2～3天约定巡查及维护日期。

约定的日期需要注意天气预报是否符合巡查及维护要求（雨天不能超过中雨，风力不能超过6级）。

3）巡查及维护内容

被阻隔的蛇类（陈伟平 供）　　被阻隔的蛇类（陈伟平 供）

专业人士捕捉蛇类（陈伟平 供）

①步行查看防蛇阻隔网及诱蛇笼是否捕获到蛇。

②步行查看防蛇阻隔网是否有破损，如有破损需要修补，减小蛇类漏网的概率。

③步行查看防蛇阻隔网网脚与地面是否有间隙，减小蛇类从间隙漏网的概率。

④步行查看防蛇阻隔网周围的杂草是否影响防蛇的功能（例如：草坪）。

⑤步行查看不锈钢管的安全帽是否有破损，防止意外划伤路过的行人。

⑥步行查看诱蛇笼中的诱饵是否存活及水盘是否有水。

⑦步行查看周围是否有蛇类活动迹象。

⑧根据实际情况判断是否需要夜间巡查。

⑨每次巡查及维护后需要形成纸质记录。

（5）其他蛇类的防范

缅甸蟒（*Python bivittatus*），别名：蟒蛇、南蛇、琴蛇，是中国最大的无毒蛇，体长4～6米，头上有"人"字形的花纹，皮肤的鳞片棕黄相间、有格子状的花纹，非常显眼；在它们的泄殖腔两侧，有一对退化还没消失的爪状残肢。缅甸蟒除了在深山出没，也会在山边的农田、池塘附近出没，每年也有不少缅甸蟒闯入人居环境和偷吃农户养的鸡鸭的报道。由于人类对缅甸蟒长期的利用和捕杀，以及经济发展导致其栖息地遭受一定的破坏，缅甸蟒曾经一度濒危。缅甸蟒于1989年被列为国家一级保护野生动物，得益于近30年的有效保护，缅甸蟒种群数量有所恢复，甚至会在栖息地周边的农村捕食家禽家畜，2021年被降级为国家二级保护野生动物。正常情况下，只要不去打扰它，缅甸蟒不会主动袭击人类，但由于成蛇体形较大，仍具备一定的攻击能力。

人类饲养的家禽在缅甸蟒眼中，是一道美味的佳肴，不用费多大的功夫就能饱餐一顿，促使越来越多的缅甸蟒开始闯进农舍中偷吃人类养殖的家禽家畜，如鸡、鸭、鹅等。缅甸蟒的偷吃行为，给养殖户带来了不同程度的损失，如农舍中遇见缅甸蟒偷吃家禽家畜的情况，可拨打"119"消防电话或动物应急救助小组电话进行求助，切勿独自移动及捕捉，因缅甸蟒的力气较大，不专业的捕捉可能会致使缅甸蟒伤人。

预防缅甸蟒进入农舍的方法有以下3种：

①使用塑料平网围栏防止缅甸蟒进入农舍。

②在围栏处使用热镀锌网拦截缅甸蟒。

③对农舍周围围栏破损处进行修补。

养殖场防蛇措施有以下2种：

①物理措施：加固家禽家畜养殖区或养殖房的围栏，防止蛇类进入养殖区；在放入蛙类和鱼虾之前先对蛇类进行驱赶、移出；若发现近期有大量家禽家畜失踪或受伤死亡，则需全面排查是否有蛇类的存在或蛇类进出的隐藏通道。

②化学措施：投放蛇类化学驱避剂或喷洒有刺激性气味的药水。

注：缅甸蟒为国家二级保护野生动物，私自捕杀会被追究刑事责任，需使用科学防范手段。

关于蟒蛇吃人的故事在世界范围内广为流传，且由来已久。因

缅甸蟒（张亮 摄）

缅甸蟒进入农舍中偷吃家禽（李成 供）

缅甸蟒潜入鸡舍（李俊杰 摄）

缅甸蟒吞食家禽（李成 供）

缅甸蟒吞食家禽（李成 供）

此，蟒蛇带给大多数人的心理感受是恐惧。实际上，蟒蛇吃人的真实案例并不多见。在东南亚，报道过3例网纹蟒（*Malayopython reticulatus*）（见下图）食人事件，而缅甸蟒食人事件至今未见报道。近年来，广东有些地区常发生缅甸蟒进入居民生活区的情况，给居民造成一定的惊扰和恐慌，相关管理部门在对缅甸蟒当地种群及其栖息地充分了解的情况下，应加强对其种群和分布的干预，做到科学调控。

网纹蟒（Kevin Messenger 摄）

3. 工具的使用

蛇钩和蛇夹是人们在对蛇类进行野外考察、应急救助、饲养和科学研究中最常用的操作工具，主要用途是帮助操作人员在捕捉或抓取毒蛇或凶猛的无毒蛇时，安全地移动或保定蛇体，避免直接接触，预防蛇咬伤。同时蛇钩也可避免直接用蛇夹或手夹捏蛇体给蛇带来身体损伤。尽管蛇钩的外形有多种，大小各异，但结构大同小异，包括头部的弯钩、中部延伸的杆部和尾部便于持握的握把。

蛇钩和蛇夹（以下简称：工具）是捕捉和控制毒蛇最有效和方便的工具，看似简单，想要熟练运用却不是一件容易的事情，以下是使用要领：

①尽量让蛇的重心落在工具所提供的支撑点，减少蛇的应激。

②不要让工具支撑在蛇体的太前或者太后的部分，这样蛇容易逃脱，最好的支撑点是蛇的前半身。

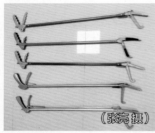
（张亮 摄）

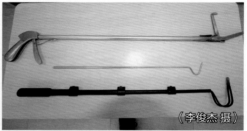
（李俊杰 摄）

（曾杨妹 摄）

③在一只手使用蛇钩的时候，另一只手一定要同时抓住蛇的尾巴或后半身，这样可以减小蛇的攻击范围及控制其活动。抓住蛇尾时，不能抓尾部太细的地方，这样会让蛇感到不适，并回头做出反击，甚至断尾。

④要让蛇钩和操作者保持一定的距离，不要离人太近。

⑤攀爬能力比较强的蛇，可能顺着蛇钩爬上来攻击。

（1）**蛇钩**

蛇钩在野外用于捕捉或抓取行动较缓慢或具有盘绕性蛇类时表现颇佳，如用于尖吻蝮、原矛头蝮、竹叶青蛇、圆斑蝰等蛇类。发现这类毒蛇时，用蛇钩钩住蛇体适当位置，通常是蛇的前半身中间，迅速将蛇挑起移入开口较大的布袋或圆桶后扎紧布袋或盖紧桶盖。对于行动较快的蛇类，如大部分无毒蛇，蛇钩不适合用来捕捉，因为蛇很容易就能从蛇钩上逃脱。但可以利用蛇钩将在复杂地形逃跑的蛇迅速钩拨到较开阔的地面防止其逃跑后，再用其他方法捕捉，如压颈法、提尾法、网抄法等。在捕捉体形过于庞大的毒蛇（如眼镜王蛇、大型眼镜蛇）时，蛇钩可以作为操作者的防御工具，阻挡这类毒蛇对人的攻击。

（李俊杰 摄）

（杨希瑞 摄）

在蛇类饲养或实验室条件下，蛇钩仍是最常使用的工具。无论是毒蛇还是无毒蛇，使用蛇钩将蛇从饲养笼箱中钩取出来，蛇就不会因受到惊扰而产生不安，减少用手直接抓取蛇类产生的应激反应和蛇体伤害。

检查或者捕捉毒蛇的时候可以使用钩压法，用蛇钩把毒蛇的头部或枕部压在地面上，然后把蛇钩适当地转动一下，让蛇钩的半月形正套压在毒蛇的颈部，再用另一只手去抓住毒蛇的颈部，再抽出按柄的手捏住蛇的后半身。如果蛇处于高低不平的地面或位置不适于压颈，也可用蛇钩将蛇钩至适当的地方，然后按压颈法捕捉。要是从蛇笼、蛇箱、蛇窝或蛇洞中捕捉蛇，可先用蛇钩把蛇钩出来。

使用蛇钩时应根据蛇的大小选择适当型号的蛇钩。大号蛇钩的钩条较粗，其强度可以承受体形更大、体重更重的蛇而不会弯曲。小号蛇钩对于小蛇可以轻巧精确地抓取。选择蛇钩型号也要考虑毒蛇的攻击能力，攻击范围越大，蛇钩就要越长，握把处要在蛇的攻击扑咬距离以外，保证操作者自身安全。

（2）蛇夹

蛇夹的用途和蛇钩有相似之处，蛇夹可以把毒蛇的枕部夹住，再用另一只手去抓住毒蛇的颈部，再抽出另一只手捏住或托住蛇的后半身，移动至适当的地方。蛇夹适合从狭小的空间如缝隙、洞穴、枝叶茂盛的灌丛、树上捕捉蛇。

（李俊杰 摄）

这里特别指出，蛇夹的错误用法是夹住蛇的脖子或头部之后，凌空提起蛇，尤其蟒蛇、尖吻蝮等大型种类，当头部被强行控制时，蛇出于本能会扭动身体挣扎，在挣扎过程中，由于蛇的身体柔软，颈部尤其脆弱，加上蛇自身重量，不但会造成上下颌被蛇自身利齿所伤，还容易折断蛇的颈椎，造成永久性伤害或死亡。因此，需要用另一只手捏住或托住蛇的后半身，给蛇增加支撑点，减少应激所产生的伤害。

工具的野外使用

七、科学看待蛇类

夏秋两季是蛇类出没的高发季节，不同的种类活动时间有差异，尤其在闷热欲雨或雨后初晴时，蛇类活动频繁，此时需多加注意。

（安思远 摄）

（安思远 摄）

（张亮 摄）

1. 正确的宣传引导

相关管理部门和机构应通过正确的宣传，或工作人员现场因地制宜引导市民，主要内容如下：

①"蛇出没"是正常的自然现象。

②科普蛇对人类的益处和生态作用；不将蛇赶入绝境，蛇是不会主动攻击人的。

③如果遇到蛇类，千万不要惊扰它，不可擅自抓捕。

④科普不同情况下不同种类蛇出没的特点，宣传不同的防蛇手段，以此来正确地引导舆论，才能达到防范和环保两者平衡。

⑤让大众认识无毒、可有效控制鼠患、对人类生活不构成安全隐

蛇吃鼠(张新旺 摄)

蛇吃鼠（戴于博 摄）

患、"人畜无害"的无毒蛇。

2. 学校定期开展毒蛇防范讲座

很多学生在学校没有接受过与毒蛇相关的知识讲解，对毒蛇的知识多数为一知半解，面对未知蛇类的时候，会不由自主地产生恐惧心理，学校应邀请相关的专家在学校定期开展毒蛇防范知识的讲座，以提高学生对毒蛇的防范意识。

学校开展毒蛇防范讲座（广东省动物学会 供）

3. 社区开展蛇类防范培训

在调查团队走访调查的时候发现，不管是无毒还是有毒的蛇类，人们的第一反应都是要把蛇打死，在人们的意识中，只要看见蛇，就会感觉它们会伤害到自己，其实不然，多数蛇伤人的情况，都是发生在人主动捕捉蛇类的时候。

广东南岭国家级自然保护区蛇类防范培训，用模型蛇进行工具的现场示范（潘虎君 摄）

　　面对这种情况，社区应正确引导大众，通过开展蛇类防范的培训，吸引大众参与进来，蛇类的知识才会普及大众，让大众明白蛇类并不会主动攻击人类，看见蛇类的时候不用过分紧张。只有对蛇类进行了解，才能正确有效地进行防范。

广东象头山国家级自然保护区蛇类专项知识培训合照

4. 媒体传达正确的蛇类防范手段与理念

　　一些媒体为了吸引大众的眼球与流量，有时会传达错误的蛇类知识，他们夸大其词地宣传毒蛇的危害，潜移默化地增加了本不太了解蛇类的大众对蛇类的恐惧感。许多人因从小被灌输这种错误的思想而害怕蛇类。

　　在如今网络越来越发达、信息传播越来越快捷的情况下，媒体应正确地运用其传播功能，传播正确、有能量的知识，以科学的眼光看待蛇类，不再继续对蛇类妖魔化，这才是媒体真正应该做的事情。

参 考 文 献

蔡群慧，2017．红脖颈槽蛇咬伤救治1例[J]．浙江医学，39（15）：1309．

郭鹏，刘芹，吴亚勇，等，2021．中国蝮蛇[M]．北京：科学出版社．

胡慧建，张亮，张春兰，等，2019．广东省陆生野生脊椎动物资源·韶关篇[M]．广州：南方日报出版社．

黄松，2021．中国蛇类图鉴[M]．福州：海峡书局出版社．

李其斌，吕传柱，梁子敬，等，2018．2018年中国蛇伤救治专家共识[J]．蛇志，30（4）：561-567．

黎振昌，肖智，刘少蓉，2011．广东省两栖动物和爬行动物[M]．广州：广东科技出版社．

林植华，樊晓丽，计翔，2010．尖吻蝮和舟山眼镜蛇初生幼体的捕食性攻击行为[J]．生态学报，30（9）：2261-2269．

农业农村部渔业渔政管理局，2022．国家重点保护水生野生动物[M]．北京：中国农业出版社．

彭丽芳，黄源欣，王峰，等，2021．福建省爬行类新记录——角原矛头蝮[J]．四川动物，40（3）：314．

彭丽芳，柳国雄，柯培峰，等，2021．广东肇庆鼎湖区发现广西华珊瑚蛇[J]．四川动物，40（3）：315．

覃公平，1998．中国毒蛇学[M]．南宁：广西科学技术出版社．

王剀，任金龙，陈宏满，等，2020．中国两栖、爬行动物更新名录[J]．生物多样性，28（2）：189-218．

吴其锐，2012．动物园动物的安全防范与控制[M]．北京：中国轻工业出版社．

徐宇浩，常金康，黄源欣，等，2022．滇南竹叶青蛇繁殖报道[J]．四川动物，41（6）：639-640．

余培南，2010．中国的毒蛇蛇毒与蛇伤防治[M]．南宁：广西人民出版社．

赵尔宓，2004．我国蝮属蛇类和尖吻蝮英文名称的建议[J]．四川动物，23（3）：211-212．

邹发生，叶冠锋，2016. 广东陆生脊椎动物分布名录[M]. 广州：广东科技出版社.

CHEN Z N，SHI S C，VOGEL G，et al，2021. Multiple lines of evidence reveal a new species of Krait (Squamata, Elapidae, *Bungarus*) from Southwestern China and Northern Myanmar [J]. ZooKeys，1025：35–71.

DAVID P，VOGEL G，2021. Taxonomic composition of the *Rhabdophis subminiatus* (schlegel, 1837) species complex (Reptilia: Natricidae) with the description of a new species from China [J]. Taprobanica，10（2）：89–120.

JUSTIN M B，HAROLD K V，BRYAN L S，et al，2022. Undescribed diversity in a widespread, common group of Asian mud snakes (Serpentes: Homalopsidae: Hypsiscopus) [J]. Ichthyology and Herpetology，110（3）：561–574.

MORI A，BURGHARDT G M，SAVITZKY A H，et al，2012. Nuchal glands: A novel defensive system in snakes [J]. Chemoecology，22（3）：187–198.

SMART U，INGRASCI M J，SARKER G C，et al，2021. A comprehensive appraisal of evolutionary diversity in venomous Asian coralsnakes of the genus *Sinomicrurus* (Serpentes: Elapidae) using Bayesian coalescent inference and supervised machine learning [J]. Journal of Zoological Systematics and Evolutionary Research，59（8）：2212–2277.

UETZ P，HALLERMANN J，2022. The Reptile Database[DB/OL]. http://www.reptile-database.org.

XIE Y，WANG P，ZHONG G，et al，2018. Molecular phylogeny found the distribution of *Bungarus candidus* in China (Squamata: Elapidae) [J]. Zoological Systematics，43（1）：109–117.

ZHU G X，YANG S J，SAVITZKY A H，et al，2020. The nucho-dorsal glands of *Rhabdophis guangdongensis* (Squamata: Colubridae: Natricinae), with notes on morphological variation and phylogeny based on additional specimens [J]. Current Herpetlolgy，39（2）：108–119.

附录1　广东陆生毒蛇名录

一、蝰科 Viperidae		
1. 白头蝰 *Azemiops kharini* (Orlov, Ryabov & Nguyen, 2013)	分布：广州、韶关、清远、茂名、潮州、惠州、梅州、河源、云浮	保护级别：三，S
2. 泰国圆斑蝰 *Daboia siamensis* (Smith, 1917)	分布：广州（历史记录）、佛山、韶关、肇庆、江门、揭阳（惠来种群属人为引入归化）	保护级别：二，LC
3. 角原矛头蝮 *Protobothrops cornutus* (Smith, 1930)	分布：韶关（乳源）、清远（英德、阳山）	保护级别：二，NT
4. 原矛头蝮 *Protobothrops mucrosquamatus* (Cantor, 1839)	分布：广州、韶关、清远、茂名、云浮、肇庆、惠州、梅州	保护级别：三
5. 莽山原矛头蝮 *Protobothrops mangshanensis* (Zhao, 1990)	分布：韶关（乳源、乐昌）	保护级别：一，EN，Ⅱ
6. 尖吻蝮 *Deinagkistrodon acutus* (Günther, 1888)	分布：韶关（乳源）、清远（连州）、惠州（逃逸归化）	保护级别：三
7. 越南烙铁头蛇 *Ovophis tonkinensis* (Bourrt, 1934)	分布：广州、韶关、清远、深圳、肇庆、惠州、茂名	保护级别：S
8. 台湾烙铁头蛇 *Ovophis makazayazaya* (Takahashi, 1922)	分布：韶关（乳源）、清远（阳山）	保护级别：S
9. 白唇竹叶青蛇 *Trimeresurus albolabris* (Gray, 1842)	分布：广东全境	保护级别：三
10. 福建竹叶青蛇 *Trimeresurus stejnegeri* (Schmidt, 1925)	分布：韶关、清远、云浮、茂名、肇庆、惠州	保护级别：三

二、水蛇科 Homalopsidae

11. 中国水蛇 *Myrrophis chinensis* (Gray, 1842)	分布：广东全境	保护级别：三
12. 黑斑水蛇 *Myrrophis bennettii* (Gray, 1842)	分布：广州、深圳、汕头、湛江	保护级别：三
13. 墨氏水蛇 *Hypsiscopus murphyi* (Bernstein, Voris, Stuart, Phimmachak, Seateun, Sivongxay, Neang, Karns, Andrews, Osterhage, Phipps & Ruane, 2022)	分布：广东全境	保护级别：无

三、屋蛇科 Lamprophiidae

14. 紫沙蛇 *Psammodynastes pulverulentus* (Boie, 1827)	分布：广东全境	保护级别：三

四、眼镜蛇科 Elapidae

15. 福建华珊瑚蛇 *Sinomicrurus kelloggi* (Pope, 1928)	分布：广州、韶关、清远	保护级别：三
16. 环纹华珊瑚蛇 *Sinomicrurus annularis* (Günther, 1864)	分布：广东全境	保护级别：三
17. 广西华珊瑚蛇 *Sinomicrurus peinani* (Liu, Yan, Hou, Wang, Nguyen, Murphy, Che & Guo, 2020)	分布：肇庆、云浮	保护级别：无
18. 眼镜王蛇 *Ophiophagus hannah* (Cantor, 1836)	分布：广东全境	保护级别：二，VU，Ⅱ
19. 舟山眼镜蛇 *Naja atra* (Cantor, 1842)	分布：广东全境	保护级别：三，VU，Ⅱ
20. 银环蛇 *Bungarus multicinctus* (Blyth, 1861)	分布：广东全境	保护级别：三

21. 马来环蛇 *Bungarus candidus* (Linnaeus, 1758)	分布：珠海（大万山岛，存疑）	保护级别：无
22. 金环蛇 *Bungarus fasciatus* (Schneider, 1801)	分布：广东全境	保护级别：三，S
五、游蛇科 Colubridae		
23. 绿瘦蛇 *Ahaetulla prasina* (Boie, 1827)	分布：广州、清远、韶关、河源、肇庆、惠州	保护级别：三
24. 绞花林蛇 *Boiga kraepelini* (Stejneger, 1902)	分布：广州、清远、韶关、肇庆	保护级别：三
25. 繁花林蛇 *Boiga multomaculata* (Boie, 1827)	分布：广东全境	保护级别：三
六、水游蛇科 Natricidae		
26. 海勒颈槽蛇 *Rhabdophis helleri* (Schmidt, 1925) （原：红脖颈槽蛇北方亚种 *Rhabdophis subminiatus helleri*）	分布：广东全境	保护级别：三
27. 广东颈槽蛇 *Rhabdophis guangdongensis* (Zhu, Wang, Takeuchi & Zhao, 2014)	分布：韶关（丹霞山、天井山）、广州（从化）、惠州（南昆山）、深圳、东莞	保护级别：S
28. 虎斑颈槽蛇 *Rhabdophis tigrinus* (Boie, 1826)	分布：韶关（乳源）	保护级别：三

注：保护级别如下，"一"为国家一级保护野生动物；"二"为国家二级保护野生动物；"三"为国家保护的有重要生态、科研、社会价值的陆生野生动物（简称"三有动物"）；"LC"为 IUCN 红色名录无危等级；"NT"为 IUCN 红色名录近危等级；"VU"为 IUCN 红色名录易危等级；"EN"为 IUCN 红色名录濒危等级；"Ⅱ"为 CITES 附录Ⅱ（2023）；"S"为广东省重点保护陆生野生动物。

附录2　广东省蛇伤科医院目录

医院	电话	地址
广州医科大学附属第一医院	020-83062226/83062205	广州市越秀区沿江西路151号
广州市荔湾中心医院	020-81346901	广州市荔湾区荔湾路35号
广州市第十二人民医院	020-38665608/38665602	广州市天河区天强路1号
广州中医药大学第一附属医院	020-36591610	广州市白云区白云机场路16号
广州开发区医院	020-82215583	广州市黄埔区友谊路196号
广州市中西医结合医院	020-86888120	广州市花都区迎宾大道87号
广州市番禺区中心医院	020-34858000	广州市番禺区桥南街道福愉东路8号
广州市第一人民医院南沙医院	020-22903611	广州市南沙区丰泽东路105号
南方医科大学第五附属医院	020-61780010	广州市从化区从城大道566号
广州医科大学附属第四医院	020-62287120	广州市增城区光明东路1号
北京中医药大学深圳医院（龙岗）	0755-89911830	深圳市龙岗区体育新城大运路1号
深圳市宝安区中医院	0755-27956811	深圳市宝安区西乡街道广深公路西乡段233号
深圳市中医院	0755-88359899	深圳市罗湖区解放路3015号
中山大学附属第七医院（深圳）	0755-81206900	深圳市光明区新湖街道圳园路628号
中山大学附属第五医院	0756-2528888	珠海市香洲区梅华东路52号
遵义医科大学第五附属（珠海）医院	0756-6275013	珠海市斗门区珠峰大道1439号
汕头市中心医院	0754-88550450	汕头市金平区外马路114号
佛山市高明区人民医院	0757-88667003	佛山市高明区荷城街道康宁路1号
粤北人民医院	0751-8101200	韶关市武江区惠民南路133号
湛江中心人民医院	0759-3157231/3157518	湛江市赤坎区源珠路236号
肇庆市第三人民医院	0758-2728592	肇庆市端州二路1号
江门市新会区中医院	0750-6662407	江门市新会区惠民东路47号
高州市人民医院	0668-6666796	茂名市高州市西关路89号

茂名市人民医院	0668-2922577	茂名市茂南区为民路101号
惠州市第一人民医院	0752-2883800	惠州市惠城区江北三新南路20号
梅州市人民医院	0753-2202723	梅州市梅江区黄塘路63号
河源市人民医院	0762-3185120	河源市元城区文祥路733号
龙川县人民医院	0762-6752221	河源市龙川县老隆镇老隆大道83号
汕尾逸挥基金医院	0660-3379999	汕尾市城区康平路16号
阳江市人民医院	0662-3218171	阳江市江城区东山路42号
清远市人民医院	0763-3113840	清远市清城区银泉路B24号区
东莞市泰安医药有限公司（东莞东华医院）	0769-22676120	东莞市东城东路1号
东莞市谢岗医院	0769-38809222	东莞市谢岗镇站前路3号
中山市中医院	0760-89980666	中山市西区街道康欣路3号
潮州市中心医院	0768-2224092	潮州市湘桥区环城西路84号
揭西县人民医院	0663-5583282	揭阳市揭西县城党校路7号
罗定市人民医院	0766-3882324	云浮市罗定市罗城街道陵园路34号
云浮市云城区人民医院	0766-8822128	云浮市环市东路120号
连南瑶族自治县人民医院	0763-8661818	连南瑶族自治县三江镇朝阳路95号

注：本表提供的相关医疗机构信息截至2021年12月。有需要的读者请留意及时更新、掌握有关信息。